唯有保持活跃，
才能让你渴望活至百岁。

——日本谚语

紫图图书 出品

The Japanese Secret
to a Long and Happy Life

# IKIGAI

# 生命元气
## 找到每天起床的动力

[西] 埃克托尔·加西亚
[西] 弗兰塞斯克·米拉莱斯 著

彭威 杨小虎 译

四川文艺出版社

**图书在版编目（CIP）数据**

生命元气：找到每天起床的动力 /（西）埃克托尔·加西亚,（西）弗兰塞斯克·米拉莱斯著；彭威，杨小虎译. — 成都：四川文艺出版社, 2025. 7. — ISBN 978-7-5411-7376-9

Ⅰ. B821-49

中国国家版本馆 CIP 数据核字第 2025MS6516 号

IKIGAI
Copyright © 2016 by Héctor García & Francesc Miralles
All Rights Reserved
All other illustrations copyright © 2016 by Marisa Martínez
Jacket illustration by Olga Grlic
Jacket art direction by Roseanne Serra
Case cover illustration by Flora Buki based on a diagram by Mark Winn
© 2016 by Ediciones Urano, S.A.U.
Aribau, 142, pral. – 08036 Barcelona
Published by arrangement with Sandra Bruna Agencia Literaria S.L., through The Grayhawk Agency Ltd.

版权登记号：图进字 21-2025-149 号

SHENGMING YUANQI ZHAODAO MEITIAN QICHUANG DE DONGLI
## 生命元气：找到每天起床的动力

［西］埃克托尔·加西亚　［西］弗兰塞斯克·米拉莱斯 著
彭威　杨小虎 译

| | |
|---|---|
| 出 品 人 | 冯　静 |
| 责任编辑 | 王梓画 |
| 装帧设计 | 紫图图书 ZITO® |
| 责任校对 | 段　敏 |
| 出版发行 | 四川文艺出版社（成都市锦江区三色路 238 号） |
| 网　　址 | www.scwys.com |
| 电　　话 | 010-64360026-103（发行部）　028-86361781（编辑部） |
| 印　　刷 | 艺堂印刷（天津）有限公司 |
| 成品尺寸 | 130mm×185mm　开　本　32 开 |
| 印　　张 | 6.25　字　数　106 千字 |
| 版　　次 | 2025 年 7 月第一版　印　次　2025 年 7 月第一次印刷 |
| 书　　号 | ISBN 978-7-5411-7376-9 |
| 定　　价 | 59.90 元 |

版权所有·侵权必究。如有质量问题，请与紫图图书联系更换。010-64360026-103

*Ikigai*

献给我的兄弟艾托尔,

他比任何人都更常对我说:

"我不知道该如何面对我的人生。"

——埃克托尔·加西亚

献给我所有过去、现在和未来的朋友们,
因为你们是我心灵的归宿,
也是我前行的动力。

——弗兰塞斯克·米拉莱斯

*Ikigai*

# 前言
*Preface*

## 一个神秘的词

这本书的雏形诞生于东京的一个雨夜,当时我们第一次在这座城市的小酒吧相聚。

此前,我们都读过彼此的作品,但由于巴塞罗那与东京之间相隔千山万水,我们始终未曾见面。后来,一位共同的朋友将我们联系在一起,促成了这段似乎注定会持续一生的友谊,也造就了这本书。

一年后,我们再次相聚,漫步在东京市中心的一座公园。我们开始讨论西方心理学的趋势,特别是意义疗法,它帮助人们寻找生活的意义。

我们谈到，维克多·弗兰克尔（Viktor Frankl）[①]的存在主义疗法在执业心理治疗师中已经不再流行，他们更倾向于其他心理学流派，尽管人们依然在追寻生活的意义。我们常常问自己这样的问题：

生活的意义是什么？

活得更久只是为了延续生命，还是应该追求更崇高的东西？

为什么有些人知道自己想要什么，并对生活充满热情，而另一些人却在困惑中徘徊？

在我们谈话的某个时刻，一个神秘的词汇"ikigai"出现了。

这个日本概念大致可以翻译为"始终忙碌的幸福"，意为"生活的意义"或"存在的理由"，与存在主义疗法有关联，却又远远超越了它。它似乎也可以解释日本人尤其是冲绳岛居民长寿的原因。

在冲绳岛，每10万人中就有24.55人超过100岁，这一数字远高于全球平均水平。

---

[①] 心理学家，维也纳第三心理治疗学派"意义治疗与存在主义分析"的创始人。——本书脚注均为译注。

学者们研究了为什么这个位于日本南部的岛屿的居民比世界其他地方的人更长寿。他们指出，除健康的饮食、简单的户外生活、绿茶和亚热带气候（平均气温与夏威夷相似）以外，塑造他们生活的"ikigai"是关键所在。

在研究这一概念的过程中，我们发现，在心理学和个人发展领域，缺乏专门探讨如何将这种哲学理念引入西方的书籍。

"ikigai"是否是冲绳百岁老人数量高于其他地方的原因？它如何激励人们直到生命的最后一刻依然保持活跃？长寿和幸福生活的秘密是什么？

在深入探讨这一问题时，我们发现一个特别的地方，位于冲绳岛北部的小村——大宜味村(Ogimi)。这个拥有约三千人口的小村，因其平均寿命日本最高而被誉为"长寿村"。

冲绳是日本"扁实柠檬"（shikuwasa）的主要产地，这种水果如青柠一般，有强效抗氧化功能。这是否就是大宜味村居民长寿的秘密？又或者是这里用来冲泡辣木茶的水质特别纯净？

我们决定亲自去研究日本百岁老人的秘密。在进行了为期一年的初步研究后，我们带着相机和录音设备来到这个村庄——这里的居民讲着一种古老的方言，信奉长发森林精灵"奇吉姆纳（Bunagaya，ブナガイヤ）"①这样一种有特色的自然宗教。刚到这里，我们便感受到居民们洋溢的热情，他们在郁郁葱葱的山丘间不断欢笑打趣，周围环绕着清澈的水流。

在与这座小村年长居民的访谈中，我们意识到，除了自然资源，还有一种更为强大的力量在发挥作用：一种超凡的快乐从他们身上流淌而出，指引着他们走过漫长而愉悦的人生旅程。

此时，我们要再次提到神秘的"ikigai"。

但它究竟是什么？如何才能获得它呢？

一直以来让我感到惊讶的是，这片几乎永恒的生命乐土完整地坐落在冲绳，而在二战末期，这里曾有二十万人殒命。然而，冲绳人并没有对外来者抱有敌意，他们遵循一种当地的信念——"ichariba chode"②，

---

① 日本传说中寄宿在古木上的精灵。
② 日语即"行逢りば兄弟"，字面意思为只要我们相逢，我们就是兄弟。

意思是"即使未曾相识,也要像对待兄弟一样对待每一个人"。

事实上,大宜味村居民幸福的秘密之一就是归属感。从小他们就践行"合作"的理念,即团队合作,因此习惯于互相帮助。

友谊联结、饮食清淡、充足休息和适度运动,都是保持健康的要素。这些百岁老人在这"joie de vivre"① 的中心依然继续庆祝生日,珍惜每一天的生活乐趣,激励他们这样做的核心就在于他们对"ikigai"的理解。

这本书旨在揭示日本百岁老人的秘密,为你提供发现自己生命的意义的工具。因为那些找到了自己生命的意义的人,拥有了享受长寿与快乐人生旅程所需的一切。

祝你旅途愉快!

埃克托尔·加西亚<br>弗兰塞斯克·米拉莱斯

---

① 法语,意为"生活之乐"。

# 目录
## Contents

第一章　ikigai
年轻地老去的艺术　　　　　　　　　　　001

第二章　延缓衰老的秘密
点滴小事汇聚为长久幸福的生活　　　　　013

第三章　从意义疗法到 ikigai
如何找到自己的目标以活得更长久　　　　031

第四章　在一切事物中发现心流
如何将工作与闲暇转化为成长空间　　　　049

第五章　长寿大师
来自世界上最长寿人群的智慧之言　　　　085

第六章　**日本百岁老人的智慧**
　　　　幸福与长寿的传统与谚语　　　　　　　　　099

第七章　**ikigai 与饮食**
　　　　世界上最长寿的人群吃什么、喝什么　　　117

第八章　**温和地运动，延年益寿**
　　　　东方运动促进健康和长寿　　　　　　　　131

第九章　**韧性与侘寂**
　　　　如何应对生活中的挑战，
　　　　避免因压力和焦虑而衰老　　　　　　　　159

尾　声　**ikigai：生活的艺术**　　　　　　　　175
注　释　　　　　　　　　　　　　　　　　　　　180
延伸阅读建议　　　　　　　　　　　　　　　　　184

「ikigai」深藏我们每个人的心底,需要一生耐心地去找寻。生于冲绳岛的人认为,在这个拥有世界上最多百岁老人的岛屿上,"我们的「ikigai」正是我们早晨起床的理由"。

Ikigai

# ikigai

第一章

年轻地老去的艺术

## 你存在的理由是什么？

根据日本人的说法，每个人都有"ikigai"，这被法国哲学家称为"raison d'être"①。有些人已经找到了他们的"ikigai"，另一些人则仍在探索他们隐匿的"ikigai"。

"ikigai"深藏我们每个人的心底，需要一生耐心地去找寻。生于冲绳岛的人认为，在这个拥有世界上最多百岁老人的岛屿上，"我们的'ikigai'正是我们早晨起床的理由"。

## 不论你做什么，千万不要选择退休！

一个明确的"ikigai"能为我们的生活带来满足感、幸福感和意义感。本书将分享日本哲学中关于身、心、灵持久健康的智慧，帮助你找到属于自己的"ikigai"。

在日本生活时，你会发现一个令人惊讶的现象，那就是人们在退休后仍然保持活跃。事实上，许多日本人并不会真正"退休"——只要健康允许，他们会坚持做

---

① 法语，意为"存在的理由"。

# 人生智慧：Ikigai 理念

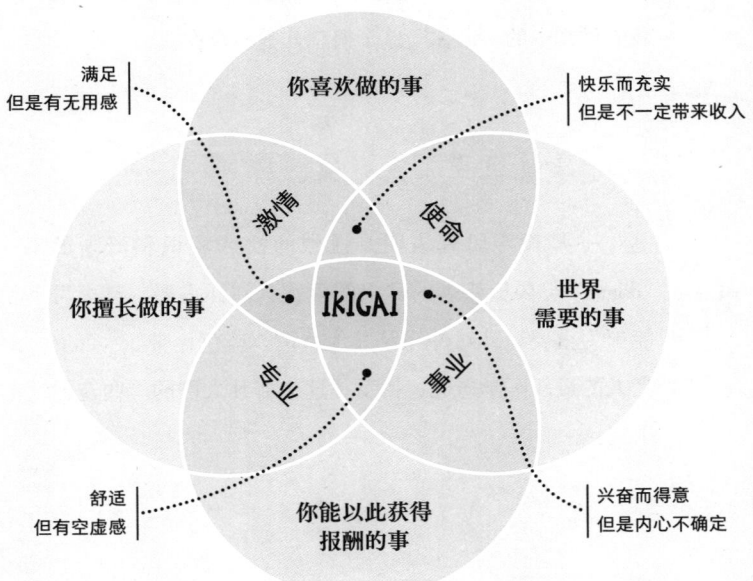

基于马克·温所绘图表

自己热爱的事情。

实际上，日语中并没有一个词可以表示"永远离开工作岗位"。根据美国国家地理杂志（*National Geographic*）记者丹·比特纳（Dan Buettner）的观察，拥有生活的目的在日本文化中极为重要，以至于在日本，我们认知中的"退休"这个概念几乎不存在。

## 青春（几乎）永驻的岛屿

一些长寿研究表明，强烈的社区意识和清晰的"ikigai"与久负盛名的日本健康饮食同样重要，甚至可能更为重要。针对冲绳及其他所谓"蓝色地带"[①]百岁老人的最新医学研究，揭示了这个非凡人群的一些有趣事实：

---

① 蓝色地带（Blue Zones），指世界上最长寿的一些区域，这个概念最早由丹·比特纳提出。

- 生活在"蓝色地带"的人,寿命不仅远超过世界其他地区的人群,而且更少罹患慢性病(如癌症和心脏病),炎症性疾病的发生率也较低。
- 这里的许多百岁老人拥有令人羡慕的活力与健康,这是其他地方高龄人士难以想象的。
- 血液检测显示他们体内的自由基(导致细胞衰老的物质)含量较少,这与饮茶习惯和常吃到八分饱有关。
- 女性在更年期经历的症状更轻缓,而男性和女性的性激素水平在较大的年龄仍然保持较高。
- 这里的痴呆症发病率显著低于全球平均水平。

### ikigai 的日语

在日语中,"ikigai"写作"生き甲斐",由"生き"(生命)和"甲斐"(价值)组成。"甲斐"可以进一步分解为两个部分:"甲"意指"盔甲""第一"以及"率先"(勇往直前、作为领导者主动出击),"斐"则意为"美丽"或"优雅"。

我们将在本书中继续深入探讨这些方面,研究表明:冲绳岛的人们对"ikigai"的重视为他们的日常生活赋予了明确的意义感,并在他们的健康和长寿中发挥着重要作用。

## 五个"蓝色地带"

冲绳岛在全球的"蓝色地带"中位居首位。尤其是冲绳岛的女性,寿命长且患病率远低于世界其他地区。丹·比特纳在其著作《蓝色地带》(*The Blue Zones: Lessons for Living Longer from the People Who've Lived the Longest*)中提出并分析了以下五个地区:

1. 日本冲绳岛(特别是岛屿的北部)。当地居民的饮食丰富多样,主要以蔬菜和豆腐为主,通常盛于小碟。除了他们追求的"ikigai"哲学,"moai"(即联系紧密的朋友群,详见第10页)在他们的长寿中也发挥着重要作用。

2. 意大利撒丁岛（具体是努奥罗省和奥里斯塔诺省）。岛上的居民每日摄入大量蔬菜，并饮用 1～2 杯葡萄酒。与冲绳岛相似，社区的凝聚力是影响长寿的重要因素之一。

3. 美国加利福尼亚州的洛马林达。研究人员对基督复临安息日会的信徒进行了研究，他们是美国最长寿的人群之一。

4. 哥斯达黎加的尼科亚半岛。当地人到了 90 岁也依然十分活跃；当地的许多老年人早上五点半就起床，优哉游哉地去田里干活。

5. 希腊的伊卡里亚岛。在这座靠近土耳其海岸的岛屿上，每三位居民中就有一位超过 90 岁（而在美国，这一比例不足 1%），因此该岛被称为"长寿岛"。当地的长寿秘密似乎是一种可以追溯到公元前 500 年的生活方式。

在接下来的章节里，我们将探讨一些与长寿似乎密切相关的因素，这些因素在"蓝色地带"普遍存在。我们将特别关注冲绳及其被称为"长寿村"的地方。然而，首先值得指出的是，五个"蓝色地带"中有三个都是岛屿，资源可能相对稀缺，社群之间需要互相帮助。

对许多人而言，帮助他人可能是一种足以鼓舞他们生存的"ikigai"。

科学家们研究了五个"蓝色地带"后指出，长寿的关键在于饮食、锻炼、找到生活的目标（即"ikigai"）以及建立牢固的社会关系，也就是拥有广泛的朋友圈和良好的家庭关系。

这些社群成员合理安排时间以降低压力，摄入少量肉类和加工食品，并适度饮酒。[1]

他们不进行剧烈运动，但每天都会活动，比如散步和在菜园里劳作。"蓝色地带"的人们更愿意选择步行而不是开车。园艺几乎是所有人共同的爱好，是一种每天他们都进行的低强度运动。

## 80% 的秘密

日本有句谚语："hara hachi bu"，在饭前或饭后会常常提到，意思是"吃到八分饱"。古老的智慧告诉我们，不要吃到完全饱腹。因此，冲绳人会在感到八分饱时停止进食，避免过量，以免让身体承受长时间的消化过程，从而加速细胞氧化。

当然，我们无法客观地判断自己的胃容量是否已经达到80%。但从这句谚语中可以得到启示：当我们开始感到饱腹时，就应该停止进食。额外的配菜、明明不需要的零食，以及午餐后的苹果派——短期内会给我们带来快乐，但从长远来看，不吃这些东西会让我们更加幸福。

食物的呈现方式同样重要。日本人通常将餐食分装在许多小碟子里，这样往往会吃得更少。在日本餐馆里，一顿典型的餐食通常会用五个碟子盛放在托盘上，其中四个碟子非常小，主菜的碟子稍大一些。面前摆放着五个碟子，让人觉得自己会吃很多，但大多数情况下的结果，是你甚至会略微感到有些饥饿。这也是在日本的西方人通常能够减肥并保持苗条的原因之一。

营养学研究表明，冲绳岛居民每天的平均热量摄入为1800～1900卡路里，而美国则为2200～3300卡路里。他们的身体质量指数①在 18～22 之间,而美国人则多为 26 或 27。

冲绳岛居民的饮食包含豆腐、红薯、鱼类(每周三次)和蔬菜(每天大约 300 克)。在专门讨论营养的章节中,我们将探讨有哪些富含抗氧化剂的健康食物被纳入他们"八分饱的饮食结构"中。

## "moai":一生的联结

在冲绳,形成紧密的社区联系是一种传统。"moai"是一种非正式的团体,由有着共同兴趣、彼此关心的人组成。对许多人而言,服务社区已成为他们"ikigai"的一部分。

"moai"起源于生活艰难的时期,那时农民们聚在一起分享经验,互相帮助从应对贫瘠的收成。

"moai"的成员每月向团体缴纳一定的费用,用以

---

① 身体质量指数(BMI),是国际上常用的衡量人体胖瘦程度以及是否健康的一个标准。BMI= 体重 ÷ 身高的平方。

参与会议、晚餐、围棋、将棋（日本象棋）等共同的兴趣活动。

该团体筹集的资金用于组织活动，如果有剩余，轮流选出的一名成员将从中获得固定金额。通过这种方式，参与"moai"有助于维持情感和经济的稳定。如果团体的成员遇到经济困难，可以从团体的储蓄中提前支取款项。尽管每个"moai"的会计细节因团体及其经济状况而异，但归属感和支持感为个人提供了安全感，并有助于延长寿命。

在简要介绍本书的主要内容后，我们将探讨现代生活中导致早衰的若干原因，并进一步探讨与"ikigai"相关的各种因素。

颐养天年,长命百岁,品尝四方美食,切记莫贪多。早睡早起,出门散步,心也平气也和,享美妙旅途。我有的是健康,我要的是长寿。与朋友心连心,团结又和睦。春夏秋冬,四季流转,每一季都欣喜,一年又一年。

*Ikigai*

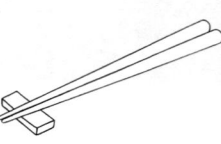

第二章

# 延缓衰老的秘密

点滴小事汇聚为长久幸福的生活

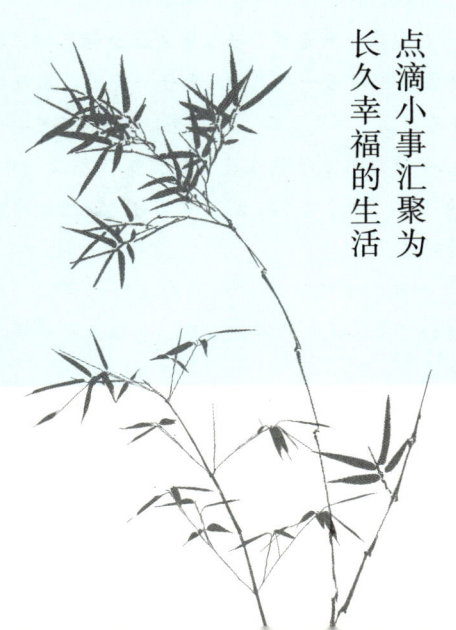

## 逃离衰老的临界点

一个多世纪以来,我们的预期寿命每年平均增加0.3岁。如果我们拥有每年都能延长1年寿命的技术,又会怎样呢?理论上,我们将实现生物学上的永生,突破衰老的逃逸速度。

### 抗衰老就是和兔子赛跑

想象在遥远的未来,有一个标志牌,上面写着一个数字,代表你的死亡年龄。你每活一年,就离这个标志牌更近一步。当你到达这个标志牌时,你就会死去。

现在想象一只兔子,手里拿着这个标志牌,朝未来跑去。你每活一年,这只兔子与你的距离就缩短半年那么远。不久之后,你会追上它,然后死去。

但如果这只兔子的速度更快呢?你每活一年,它就跑一年?那你将永远无法追上它,因此也将永远不会死去。

兔子跑向未来的速度象征着我们的科技。人类科技和对身体认知的不断进步,意味着兔子跑得越来越快。

> 衰老的逃逸速度,意味着在那一刻,兔子以每年一年的或更快的速度跑远,而我们将因此获得不朽。

关注未来的研究人员,如雷·库兹韦尔(Raymond Kurzweil)和奥布里·德·格雷(Aubrey de Grey),认为我们将在几十年内达到这一逃逸速度。然而,其他科学家对此持悲观态度,他们预测我们将面临一个极限,即无论科技如何进步,我们都无法超越某个最大年龄。例如,一些生物学家指出,我们的细胞在大约120岁后会停止再生。

## 积极的心态,年轻的身体

古老的谚语"mens sana in corpore sano"①蕴含着深刻的智慧,它提醒我们:心灵与身体同样重要,二者的健康息

---

① 拉丁语,意为"健康的心灵存在于健康的身体中"。

息相关。研究表明，保持积极且具有适应能力的心态是保持年轻的重要因素之一。

拥有年轻的心态会促进你养成健康的生活方式，从而减缓衰老的过程。

缺乏身体锻炼会对我们的身体和情绪产生负面影响，缺少大脑锻炼同样有害，它会导致神经元和神经网络的退化，进而降低我们对周围环境的反应能力。

因此，大脑锻炼显得尤为重要。

捷克神经科学家施洛莫·布雷兹尼茨（Sholmo Brezinitz）是大脑锻炼的倡导者之一。他认为，大脑需要丰富的刺激才能保持健康。在西班牙电视节目《故事》（Redes）中，他与爱德华多·庞塞特（Eduardo Punset）[①]进行访谈时表示：

> 对一个人来说，对他有益的事与他想做的事情之间常常存在一种矛盾关系。这是因为人们，尤其是老年人，习惯于按照以往的方式行事。问题在于，当大脑形成固定的习

---

① 爱德华多·庞塞特（Eduardo Punset），西班牙作家、主持人。

惯后，它便不再思考。人们会在"自动驾驶模式"下迅速而高效地完成任务，通常以最佳的方式进行。这使得人们容易坚持日常惯例，而打破这些惯例的唯一方法，就是用新的信息来刺激大脑。[1]

新知入脑，神经重塑，心智重生。这就是为什么迎接变化如此重要，即使走出舒适区可能会让人感到些许焦虑。

大脑锻炼的效果已经得到了科学验证。施洛莫·布雷兹尼茨在与作家柯林斯·海明威（Collins Hemingway）合著的作品《最大脑力：获得健康与智慧的大脑挑战》（*Maximum Brainpower: Challenging the Brain for Health and Wisdom*）中指出，大脑锻炼在多个层面上都有益处。"当你第一次进行某项任务时，就可以开始锻炼你的大脑。"他写道，"起初这似乎很困难，但随着你学习如何去做，训练便开始发挥作用。第二次尝试时，你会发现这变得更容易而不是更难，因为你在不断进步。这对一个人的情绪有着极大的影响。这本身就是一种转变，不仅影响所取得的结果，也影响个人的自我形象"。

这样描述"大脑锻炼"可能显得有些复杂，实际上却非常简单，与他人互动，例如玩游戏，就可以带来新的刺激，并有助于预防因孤独而产生的抑郁。

在20多岁时我们的神经元就开始衰老，但智力活动、好奇心和学习的欲望可以减缓这一过程。应对新情况、每天学习新知识、与他人互动，似乎都是对抗心理衰老的重要策略。此外，对这些方面更积极地展望也有益于精神健康。

## 压力："杀死"长寿的元凶

许多人看起来比实际年龄要大。研究表明，压力与早衰密切相关，因为在危机时期，身体的衰退速度会显著加快。美国压力研究所对这一过程进行了研究，得出的结论是，大多数健康问题都与压力有关。

海德堡大学附属医院的研究人员进行了一项研究。他们让一位年轻医生参加面试，在此过程中还强迫他在30分钟内解决复杂的数学题，以增加他的压力。随后，他们抽取了他的血样。研究发现，他的抗体对压力的反应与对病原体的反应相似，激活了引发免疫反应的蛋白质。问题在于，这种反应不仅能中和有害物质，还会损害健康细胞，导致它们提前衰老。

加利福尼亚大学进行了一项类似的研究，收集了39名因孩子生病而承受高压力的女性的数据，并将其与孩子健康、处于低压力水平下的女性的数据进行比较。研究结果表明，压力会通过削弱细胞中的端粒结构来加速细胞衰老，这影响了细胞的再生能力和衰老过程。同时，压力越大，细胞的衰老就越明显。

## 压力是如何产生的？

如今，人们的生活节奏非常快，几乎总是处于竞争状态。在这种高压环境下，压力是身体对接收到的信息做出的自然反应，这些信息被视为潜在的危险或问题。

从理论上讲，这是一种有益的反应，因为它让我们适应在恶劣环境中生存。在进化过程中，我们利用这种反应来应对困局并逃避捕食者。

脑海中响起的警报使神经元刺激脑垂体，脑垂体随后释放促肾上腺皮质激素，这种激素通过交感神经系统在体内循环。接着肾上腺被激活，释放肾上腺素和皮质醇。肾上腺素将提高我们的呼吸频率和心率，为肌肉做好行动准备，使身体随时能应对感知到的危险；而皮质醇则增加多巴胺和血糖的释放，让我们充满活力，迎接各种挑战。

表1　不同人类面临的压力情况

| 洞穴时代的人类 | 现代的人类 |
| --- | --- |
| 大部分时间都很放松 | 大部分时间都在工作，时刻保持警觉，关注各种威胁 |
| 只有在特定情况下才会感到压力 | 手机全天候在线，随时等待通知 |
| 威胁是真实存在的：捕食者可能随时终结他们的生命 | 大脑将手机的提示音或电子邮件通知视为捕食者的威胁 |
| 在危险时刻，高剂量的皮质醇和肾上腺素有助于保持身体健康 | 低剂量的皮质醇在体内持续流动，这会导致多种健康问题，包括肾上腺疲劳和慢性疲劳综合征 |

这些过程在适度的情况下是有益的，能够帮助我们应对日常生活中的挑战。然而，现代人所承受的压力显

然是有害的。

随着时间的推移，压力会产生退化性影响。持续的紧急状态会损害与记忆相关的神经元，并抑制某些激素的分泌，而这些激素的缺失可能导致抑郁。压力的副作用还包括易怒、失眠、焦虑和高血压。

因此，尽管挑战有助于保持身心活跃，我们仍需调整高压力的生活方式，使其适应以避免身体早衰。

## 注意缓解压力

无论我们感知到的威胁是否真实，压力都是一种易于识别的状态。它不仅会引发焦虑，还会对我们的消化系统、皮肤等多个方面产生影响。

这就是为什么预防压力对保护我们免受伤害如此重要，也是许多专家推荐练习正念的原因。

正念的核心在于关照自我：观察我们的反应——即使这些反应是出于习惯，以便能够完全意识到它们。通过这种方式，我们能够与当下建立联系，限制那些容易失控的思维。

罗伯托·阿尔西巴（Roberto Alcibar）在经历了一次

急性压力疾病后,放弃了快节奏的生活,成为一名认证的正念教练,他说:"学会关掉让我们陷入无尽循环的'自动驾驶',才能驶向清醒的此刻。我们都认识一些这样的人:他们常在打电话或看新闻时吃零食。你问他们刚吃的煎蛋里有没有洋葱,他们答不上来。"

达到正念状态的一种方法是冥想,这有助于过滤外界的信息。此外,我们还可以通过呼吸练习、瑜伽和身体扫描来实现正念。

实现正念是循序渐进的过程,但只要稍加练习,我们就能学会完全专注于当下,从而减轻压力,帮助延长寿命。

## 适度压力对你有好处

虽然持续的巨大压力被视为长寿和身心健康的敌人,但低水平的适度压力却被证明是有益的。

加州大学河滨分校的心理学教授霍华德·S. 弗里德曼(Howard S. Friedman)与拉谢拉大学的心理学教授莱斯利·R. 马丁(Leslie R.Martin)观察一组实验对象超过20年,他们发现那些保持低水平压力、勇于面对挑战并全心投入工作的人，比选择轻松生活方式并提前退休的人更长寿。因此，他们得出结论，适度的压力会产生积极的影响，因为生活在适度压力下的人往往会养成更健康的生活习惯，吸烟和饮酒的频率也会降低。[2]

因此，本书后续提到的许多"超级百岁老人（Supercentenarians）"——即活到110岁或更长的人——都过着充实而有活力的生活，在晚年依然积极工作，这并不让人意外。

## 久坐让你变老

尤其在西方国家，久坐行为的增加导致了许多疾病，如高血压和肥胖，这影响着人们的寿命。

在工作时或在家中久坐，不仅会降低肌肉强度和呼吸能力，还会增加食欲，抑制人们积极参与活动的欲望。久坐可能导致高血压、不均衡饮食、心血管疾病、骨质疏松，甚至某些癌症。最近的研究表明，缺乏身体活动会导致免疫系统中端粒的逐渐变形，这会加速细胞的衰老，进而影响整个机体的衰老进程。

这个问题在各个年龄段都存在，不仅限于成年人。

久坐的儿童有更高的肥胖率,还会由此带来各种健康风险。因此,在早期培养健康、积极的生活方式显得尤为重要。

其实,减少久坐并不难,只需稍加努力调整日常习惯。我们可以通过增加一些日常活动,寻求一种更积极的生活,让自己身心内外都感觉更好。

- 每天步行上班,或至少走路20分钟。
- 尽量使用楼梯而不是电梯或自动扶梯,这对你的姿势、肌肉和呼吸系统等都有益处。
- 参加社交或休闲活动,避免长时间待在电视机前。
- 用水果替代垃圾食品,既能减少吃零食的欲望,又能摄入更多营养。
- 保证充足的睡眠。7~9小时比较理想,若超过这个时间会让我们感到疲倦。
- 和孩子或宠物一起玩耍,或加入运动队。这不仅能增强身体素质,还能激发思维,提高自尊心。
- 注意自己的日常习惯,发现并改掉有害习惯,换成更积极的生活方式。

这些小改变，可以让我们的身体和心灵焕发出新的活力，延长我们的寿命。

## 模特闭口不谈的秘密

虽然我们的内脏和外貌、身体和心理都会随着时间而衰老，但最能体现一个人年龄的往往是他们的皮肤。皮肤会因体内变化而呈现出不同的质地和颜色。在时装秀前一晚，大多数模特通常会睡9～10个小时，这样可以让她们的皮肤显得紧致光滑，散发出健康而明亮的光泽。

科学研究表明，睡眠是抗衰老的重要手段，因为在睡眠时，我们会产生褪黑素，这是一种自然生成的激素。松果体根据我们的昼夜节律，通过一系列的酶促反应，使色氨酸进而转换为血清素，再进一步转换为褪黑素。褪黑素对调节人体的睡眠和清醒周期有着重要作用。

作为一种强效抗氧化剂，褪黑素有助于延长寿命，并带来以下潜在好处：

- 增强免疫力。
- 通过抑制类炎反应子,降低细胞突变的风险,减少人们患癌的的可能。
- 促进胰岛素的自然分泌。
- 减缓阿尔茨海默病的进程。
- 有助于预防骨质疏松。

因此,褪黑素是我们保持年轻的重要伙伴。需要注意的是,30岁以后,体内的褪黑素会逐渐减少。我们可以通过以下方式来弥补:

- 均衡饮食,增加钙的摄入。
- 每天适度晒太阳。
- 确保充足的睡眠。
- 避免压力、酒精、烟草和咖啡因,这些因素会影响睡眠质量,使我们无法获得所需的褪黑素。

专家们正在研究,是否可以通过人工刺激褪黑素的产生来减缓衰老过程,这将进一步证实我们体内蕴藏着长寿的秘密。

## 抗衰老的态度

心智对身体的衰老速度有着重要影响。大多数医生认为，保持身体年轻的秘诀在于让心智保持活跃——这是"ikigai"的关键所在——以及在生活中面对困难时不轻言放弃。

叶史瓦大学的一项研究发现，长寿的人通常具备两个共同特征：积极的态度和强烈的情感意识。换句话说，那些以积极心态面对挑战、能够有效管理情绪的人，已经在通往长寿的道路上走得很远。

拥有坚韧的态度，在挫折面前保持冷静，也有助于保持年轻。这种态度能降低焦虑和压力，稳定情绪。在某些生活节奏缓慢、从容的文化中，这种特质往往与更高的预期寿命相关联。

许多百岁老人，其中也不乏"超级百岁老人"，有着相似的特点：他们的生活丰富多彩，虽然有时经历困难，但他们懂得如何以积极的态度应对这些挑战，而不是被眼前的困难所压倒。

亚历山大·伊米奇（Alexander Imich）在2014年成为全球最年长的在世男性，当时他111岁。他深知自己拥有良好的基因，但也明白其他因素同样重要。在被列入吉尼斯世界纪录后，他在接受路透社采访时表示："生活方式对长寿同样重要，甚至更为关键。"

## 长寿颂歌

冲绳岛被誉为"世界的长寿纪录之岛"，大宜味村则是冲绳最长寿的村。我们在大宜味村停留期间，一位即将年满100岁的女性为我们唱了一首融合了日语和当地方言的歌曲：

> 颐养天年，长命百岁，品尝四方美食，切记莫贪多。
> 早睡早起，出门散步，心也平气也和，享美妙旅途。
> 我有的是健康，我要的是长寿。
> 与朋友心连心，团结又和睦。
> 春夏秋冬，四季流转，
> 每一季都欣喜，一年又一年。
> 长寿秘密，就在手指，

它就长在手上，别担心生锈。
从手指到头脑，从头脑到手指，
勤动动手指吧，迎期颐之年。

现在我们就用手指翻到下一章吧，我们将探讨长寿与发现人生使命之间的密切关系。

每个人都有能力做出高尚或可怕的事情。我们最终所处的境地，取决于我们的选择，而不是我们所处的环境。

Ikigai

第三章

# 从意义疗法到 ikigai

如何找到自己的目标以活得更长久

## 什么是意义疗法？

一位同事曾请维克多·弗兰克尔用一句话来定义他的心理学流派，弗兰克尔回答："在意义疗法中，患者坐得笔直，必须倾听一些有时难以接受的事情。"接着，这位同事用这样一句话描述了精神分析："在精神分析中，患者躺在沙发上，向你说出一些有时难以启齿的秘密。"

弗兰克尔解释说，他通常问患者的第一个问题是："你为什么不自杀？"通常情况下，患者能找到不自杀的充分理由，从而继续生活。那么，意义疗法到底能做什么呢？[1]

答案非常明确：帮助你找到活着的理由。

意义疗法促使患者主动发现生活的目的，以此来应对自己的精神问题。在追寻命运的过程中，他们不断激励自己向前，打破过去的心理枷锁，克服沿途遇到的各种障碍。

> **为什么而活**
>
> 弗兰克尔在维也纳诊所进行的一项研究中发现,在患者和工作人员中,大约80%的人认为人类需要一个"活着的理由",而大约60%的人认为他们的生活中有值得为之牺牲的人或事物。[2]

## 寻找意义

"寻找意义"是弗兰克尔内在的驱动力,使他得以实现自己的目标。意义疗法的过程可以概括为以下五个步骤:

1. 患者一个人感到空虚、沮丧或焦虑。
2. 治疗师向患者揭示,患者的感受表明他渴望过有意义的生活。
3. 患者在特定的时刻找到自己生活的目的。
4. 患者自主决定是否接受这一命运。
5. 这种重新点燃的生活热情帮助患者克服障碍和痛苦。

弗兰克尔愿意为自己的原则和理想付出生命。他在奥斯威辛作为囚犯的经历让他深刻领悟到：一切都可以被剥夺，除了人类的最后一种自由，即"在任何情况下选择自己的态度及道路的自由"[3]那段经历他必须独自承受，没有外在任何帮助，但正是它激励了他一生的追求。

表2 精神分析与意义疗法的十个区别

| 精神分析 | 意义疗法 |
| --- | --- |
| 患者躺在沙发上，像个病人一样 | 患者坐在治疗师面前，治疗师在不做评判的情况下引导他/她 |
| 关注过去（回顾性的） | 关注未来 |
| 分析神经症（内省的） | 不深入探讨患者的神经症 |
| 驱动力是追求快乐 | 驱动力是追求目标和意义 |
| 以心理学为核心 | 包含精神层面 |
| 处理心理性神经症 | 也处理非生理性或存在性神经症 |
| 分析冲突的无意识根源（本能层面） | 在冲突发生时及时处理（精神层面） |

(续表)

| 精神分析 | 意义疗法 |
| --- | --- |
| 局限于患者的本能 | 同样关注精神现实 |
| 与信仰根本不相容 | 与信仰相容 |
| 旨在调和冲突，满足冲动与本能 | 旨在帮助患者找到生活的意义，并满足他的道德需求 |

## 为自己而战

当我们的生活缺乏目的或目的被扭曲时，就会出现存在性挫折感。然而，弗兰克尔认为，不必将这种挫折感视为异常或神经症；相反，它可以成为一种积极的力量——变革的催化剂。

意义疗法并不将这种挫折感视为心理疾病，正如其他治疗形式所认为的那样，而是将其视为精神上的痛苦——一种自然且有益的现象，促使那些遭受痛苦的人寻求治疗，无论依靠的是自己还是他人，从而在生活中找到更大的满足感。这种疗法能帮助他们改变自己的命运。

如果一个人需要外在帮助来实现这一目标，或者在寻找生活意义和克服冲突的过程中需要指导，以便继续朝着目标前进，意义疗法就会介入。在《活出生命的意义》(*Man's Search for Meaning*)一书中，弗兰克尔引用了尼采的一句名言："一个人知道自己为什么而活，就可以忍受任何一种生活。"

根据自己的经历，弗兰克尔认为，我们的健康依赖于一种自然的紧张感。这种紧张感源于将我们迄今为止取得的成就与未来想要实现的目标进行比较。因此，我们所需要的不是平静的生活，而是一个挑战，让我们能够运用所有可用的技能去迎接它。

存在危机是现代社会的典型现象。在这样的社会中，人们往往按照他人的指示行事，或模仿他人的行为，而不是追随自己的内心。人们常常试图用经济实力或身体快感来填补他人期望与自我愿望之间的空白，或者通过麻痹感官来逃避现实。这种状态甚至可能导致自杀。

例如，"周末神经症"(Sunday neurosis)就是指在没有工作的周末，当不需要履行工作期间的义务和承诺时，个体意识到内心的空虚。他必须找到解决办法。

最重要的是，他需要找到自己的目标，找到起床的理由——他的生命意义。

> **"我觉得内心空虚"**
>
> 弗兰克尔的团队在维也纳综合医院进行的一项研究中发现，接受采访的患者中有55%的人正经历着不同程度的存在危机。[4]

意义疗法认为，发现生活的目的能够帮助个体填补内心的空虚。弗兰克尔是一个勇于面对问题并付诸实践以实现目标的人。随着年龄的增长，他能够平静地回顾自己的一生。他不必羡慕那些仍在享受青春的人，因为他积累了丰富的经验，证明自己是为了某种目的而活着。

## 通过意义疗法改善生活：几个关键观点

- 意义非人造，而是被发现——正如萨特所言。
- 每个人都有独特的存在理由，这个理由可以在岁月中不断调整和转变。
- 就像担忧往往会导致我们害怕的事情发生一样,过度关注某种欲望(或称为"过度意向")也可能会阻碍该欲望的实现。
- 幽默能够帮助打破消极循环,减轻焦虑。
- 每个人都有能力做出高尚或可怕的事情。我们最终所处的境地,取决于我们的选择,而不是我们所处的环境。

在接下来的章节中,我们将分析弗兰克尔治疗实践中的四个案例,以更好地理解寻找意义和目标的过程。

## 案例研究:维克多·弗兰克尔

精神科医生发现,在德国的集中营,生存机会最大的囚犯是那些在营外有明确目标的人,他们强烈渴望活着离开那里。弗兰克尔就是这样的一个例子。他在获释后成功发展了意义疗法,并意识到自己是这种治疗实践的第一位患者。

弗兰克尔有一个目标要实现,这是他坚持不懈的原因。他抵达奥斯威辛时，带着一份手稿，里面汇集了他职业生涯中所有的理论和研究，准备出版。当手稿被没收时，他迫切希望重新写一遍，这种渴望激励着他，让他在集中营的持续恐怖与怀疑中找到了生命的意义。多年后，尤其是在他感染伤寒时，他会在找到的任何纸片上写下遗失作品中的片段和关键词。

## 案例研究：美国外交官

一位身居高位的北美外交官去找弗兰克尔，继续他五年前在美国开始的治疗。当弗兰克尔询问他为何最初选择治疗时，这位外交官表示，他对自己的工作以及不得不遵循和执行国家的国际政策感到厌恶。他的美国精神分析师陪伴了他多年，始终要求他与父亲和解，这样他所代表的政府和所从事的工作这两个父权象征就不会显得那么令人反感。然而，在短短几次会谈后，弗兰克尔指出，造成他挫败感的原因在于他渴望追求不同的职业。最终，这位外交官在这一思路的指引下结束了他的治疗。

五年后，这位前外交官告诉弗兰克尔，在这段时间里他换了份新工作，并且感到非常快乐。

在弗兰克尔看来，这名男子不仅不需要接受那么多年的精神分析治疗，甚至连"患者"这个称谓都不适合他。他只是在寻找新的人生目标；一旦找到这个目标，他的生活便被赋予了更深刻的意义。

## 案例研究：自杀的母亲

一位母亲的儿子在 11 岁时去世，后来她试图自杀并"带走"另一个儿子，因此被送入弗兰克尔的诊所。正是这个从出生起就瘫痪的儿子阻止了她实施这个计划；弗兰克尔相信她的生命是有意义的，如果她杀了这个孩子，她将无法实现自己的目标。

这位母亲在小组会议上分享了她的故事。为了帮助她，弗兰克尔请另一位女性想象一个假设的情境：她临终前躺在床上，年老且富有，但没有孩子。这位女性坚信，在这种情况下，她会觉得自己的生活是失败的。

当这位有自杀倾向的母亲被要求进行同样的练习，想象自己在床上时，她回顾了过去，意识到自己为孩子们尽了最大的努力——为他们俩。她给了瘫痪的儿子一个美好的生活，而他也长大变成了一个善良的人，过上了一种还算快乐的生活。她哭着补充道："至于我自己，我可以平静地回顾我的生活；因为我可以说我的生活充满了意义，我努力让生活充实，我尽了最大努力——我为我的儿子尽了最大努力。我的生活并没有失败！"

通过想象自己临终前在床上并回顾过去，这位曾有自杀念头的母亲找到了她生活中早已存在的意义，尽管她之前并未意识到这一点。

## 案例研究：悲痛的医生

一位年长医生的妻子在两年前去世，他深陷抑郁，无法自拔，前来寻求弗兰克尔的帮助。

弗兰克尔没有给他建议或分析他的状况，而是问他如果是他先去世，会发生什么。这个医生惊恐地回答，这对他可怜的妻子来说将是可怕的，她会感到非常痛苦。弗兰克尔对此回应道："你看，医生，你让她避免了所有的痛苦，但你必须为此付出代价，那就是活下来，并为她哀悼。"

医生没有再说什么，只是握了握弗兰克尔的手，然后平静地离开了。他慢慢能够承受失去心爱之人的痛苦，也因此重新找到了生活的意义。

## 森田疗法

在意义疗法诞生的同一时期，实际上是在其诞生的前几年，森田正马（Shoma Morita）在日本创立了基于人生目标的疗法。这种疗法在治疗神经症、强迫症和创伤后应激障碍方面效果显著。

除了是一名心理治疗师，森田正马还是一位禅宗弟子，他的疗法在日本产生了深远的精神影响。

许多西方疗法注重控制或调整患者的情绪。在西方，人们普遍认为思维会影响情感，而情感又会影响行为。与此相反，森田疗法则强调教导患者接受自己的情绪，而不是试图去控制它们，因为情感会随着行为的变化而改变。

除了倡导接受情绪，森田疗法还试图通过行动"创造"出新的情感。森田认为，这些情感是通过经验和反复练习而获得的。

森田疗法并不追求消除症状；相反，它教导我们接受自己的欲望、焦虑、恐惧和担忧，并学会放下。正如森田在他的著作《森田疗法与焦虑症的真实本质》(Morita Therapy and the True Nature of Anxiety-Based Disorders)中所指出的，情感上，最理想的状态是充沛和慷慨。

森田用以下寓言来阐释放下负面情绪的理念：一头被绳子绑在柱子上的驴，会不断围绕柱子转，试图挣脱，结果却愈加受到束缚，无法动弹。这同样适用于那些有强迫性思维的人，他们在试图逃避恐惧和不适时，反而在自己的痛苦中越陷越深。[5]

## 森田疗法的基本原则

1. 接受你的感受。如果我们有强迫性思维，就不应试图控制或摆脱它们。这样做只会让它们变得更加强烈。关于人类情感，有一位禅师曾说："以浪逐浪，只会让心海更汹涌。"我们的感受并非我们所创造，而是自然而然出现的，我们必须接受它们。关键在于欢迎它们。就像森田常说的，情绪就像天气一样。我们无法预测或控制它们，只能观察它们。在这一点上，越南僧侣一行禅师有一句话常被引用："你好，孤独。你今天怎么样？来吧，和我坐在一起，我会照顾你的。"[6]

2. **做你应该做的事情**。我们不应专注于消除症状，因为我们会自然而然地康复。我们应该将注意力放在当下，如果我们正在经历痛苦，就要接受这种痛苦。最重要的是，我们要避免对形势做过多的理性分析。治疗师的使命是重塑患者的性格，使他们能够应对任何情况，而性格则源于我们所做的事情。森田疗法并不向患者提供解释，而是让他们从自己的行为活动中学习。它不会告诉你如何冥想，也不会像西方疗法那样教你如何写日记。发现的过程完全依赖于患者的体验。

3. **发现你生活的目标**。我们无法控制自己的情绪，但可以掌控每天的行为。这就是我们需要明确自己的目标，并始终牢记森田的座右铭：此时此刻，我最该做什么？我们应该采取什么行动？实现这一目标的关键在于勇敢地探索内心，找到自己生命的意义。

### 森田疗法的四个阶段

森田正马的原始治疗方案为期 15 ~ 21 天，分为以下几个阶段：

1. **隔离与休息（5 ~ 7 天）**。在治疗的第一周，患者在一间没有任何外部刺激的房间内休息。没有电视、书籍、家人、朋友或交谈，患者只有自己的思绪。他大部分时间躺着，治疗师会定期探访，但尽量避免与他互动。治疗师只是建议患者在躺着时，继续留意自己情绪的波动。当患者感到无聊，想要开始做事情时，他就准备好进入下一个治疗阶段了。

**2. 轻度作业治疗（5～7天）。** 在这一阶段，患者在安静的环境中进行一些重复性的任务，其中一项是记录自己的想法和感受。经过一周的封闭，患者可以走出户外，享受大自然，散步并进行呼吸练习。同时，他开始尝试一些简单的活动，如园艺、绘画或素描。此阶段，仍不允许患者与他人交谈，只能与治疗师交流。

**3. 作业治疗（5～7天）。** 在这一阶段，患者需要进行一些身体活动。森田博士喜欢带患者去山上砍柴。除了体力劳动，患者还参与其他活动，如写作、绘画或制作陶器。在这一阶段，患者可以与他人交流，但讨论内容仅限于当前进行的任务。

**4. 回归社会生活与"真实"世界。** 患者离开医院，重新融入社会生活，同时继续保持在治疗期间养成的冥想和作业治疗习惯。这样做的目的是，带着明确的目标以全新的身份回归社会，不受社会或情感压力的影响。

## 内省冥想

森田正马是一位杰出的禅宗大师，专注于内省冥想。他的治疗方法深受这一流派的影响，围绕个体需要反思的三个核心问题展开：

1. 我从某人那里获得了什么？
2. 我为某人付出了什么？
3. 我给某人带来了哪些困扰？

通过这些反思，我们不再将他人视为问题的根源，从而增强自己的责任感。正如森田所说："如果你感到愤怒并想动手，先冷静思考三天再说。三天后，那种强烈的冲动自然会消退。"[7]

## 现在开始，"ikigai"

意义疗法和森田疗法都源于一种独特的个人体验，获得体验无需依赖治疗师或灵修，你可以自己去寻找，即找到自己的"ikigai"——让你生命熊熊燃烧的燃料，一旦找到，接下来只需勇气和决心，坚定地走在正确的道路上。

在接下来的章节中，我们将探讨一些基本工具，帮助你在这条道路上前行：埋头于你选择的事情，专注于均衡的饮食，进行适当强度的锻炼，以及学会在面对困难时不轻言放弃。要做到这几点，你需要接受这个世界，正如接受生活在其中的人一样，承认它的不完美，同时也要看到，这个世界依然充满了成长与实现梦想的机会。

你准备好将自己全部投入你的激情所在，并把它视为世界上最重要的事情了吗？

由于思维总是充满各种想法、观念和情感,放慢"离心机"的转动——即使只是几秒钟——也能让我们感到更加放松,使思维变得更加清晰澄明。

Ikigai

## 第四章

# 在一切事物中发现心流

## 如何将工作与闲暇转化为成长空间

我们所做的每一件事都在塑造我们。

因此，卓越并非一时的行为，而是一种持久的习惯。

——亚里士多德

## 像水一样

想象一下，你正在最喜欢的滑雪道上滑雪，细腻的雪花在你身旁飞扬，犹如白沙，一切完美。

你全神贯注地滑雪，努力做到最好。每一个瞬间，你都清楚该如何移动。此时，未来与过去都不复存在，唯有当下。你感受到雪、滑雪板、身体与意识的完美融合。你完全沉浸在这段体验中，没有其他念头，也没有任何干扰。自我已然消散，你成为了所做之事的一部分。

这正是李小龙所描述的体验——"要像水一样，我的朋友"。

当我们沉浸在自己喜欢的活动中，时间常常会悄然流逝。我们做饭，转眼间几个小时就过去了；我们读书，直到日落时才意识到自己忘了吃晚餐；我们冲浪，直到第二天才能意识到自己在水中待了多久，那时肌肉已经酸痛。

相反的情况也会发生。当我们不得不完成一项不愿意做的任务时，一分钟仿佛变成了一个世纪，我们不停地看着手表。正如爱因斯坦所说："手在热炉子放了一分钟，感觉就像过了一个小时；而和一个漂亮女孩在一起坐一个小时，却感觉只过了一分钟。这就是相对性。"

有趣的是，同样的任务，我们可能真的很享受，而其他人却渴望尽快完成。是什么让我们如此享受某项活动，以至于在过程中完全忘记了烦恼？我们何时最快乐？这些问题可以帮助我们找到自己的"ikigai"。

## 心流的魔法

这些问题正是心理学家米哈里·契克森米哈赖（Mihaly Csikszentmihalyi）研究的核心，他探讨了完全沉浸于所做事情时的状态。契克森米哈赖称这种状态为"心流"（Flow），并将其描述为在生活中全身心投入时所感受到的快乐、愉悦、创造力和过程。

寻找幸福、为了自己的"ikigai"而活，并没有什么神奇的秘诀,但其中一个关键因素是能够进入心流,并通过这种状态获得"最佳体验"。

为了获得最佳体验,我们应该更多地参与那些能让我们进入心流的活动,而不是沉迷于那些给自己带来短暂快感的事情,比如暴饮暴食、滥用药物或酒精,或者在电视前大吃巧克力。

正如契克森米哈赖在他的著作《心流:最优体验心理学》(*Flow: The Psychology of Optimal Experience*)中所指出的,心流是一种状态,人们沉浸其中,全身心地投入某项活动,以至于其他事情都显得无关紧要。这种体验极为愉悦,所以人们愿意为此付出很大的代价,只为享受这个过程。

不仅从事创造性工作的专业人士需要高度的专注力来达到心流状态,大多数运动员、棋手和工程师也会花费大量时间参与那些能让他们进入这种状态的活动。

根据契克森米哈赖的研究,棋手进入心流时的感受与数学家研究公式或外科医生进行手术时的感受非常相似。作为心理学教授,契克森米哈赖分析了来自世界各地的数据,发现不同年龄和文化层次的人在体验心流时的感受是相同的。无论是在纽约,还是在冲绳,我们都以相同的方式进入心流。

那么，当我们处于这种状态时，我们的思维会发生什么变化呢？

进入心流时，我们会全神贯注于某个具体任务，不受任何干扰。此时，我们的思维井然有序。相反，我们在思维被其他事情分散时尝试做某事，效果往往不佳。

如果你经常在处理自认为重要的事情时分心，可以尝试用一些方法来提高进入心流的可能性。

### 七步进入心流

根据德保罗大学研究员欧文·沙弗（Owen Schaffer）的研究，要进入心流，需要满足以下条件：

1. 明确知道要做什么
2. 清楚如何去做
3. 了解自己做得怎么样
4. 清楚前进的方向
5. 能感知到重大挑战
6. 能感知到重要技能
7. 摆脱干扰，获得自由 [1]

# 策略一:选择一项具有挑战性的任务
## (但不要过于困难!)

沙弗的模型鼓励我们选择那些有可能完成但又稍微超出我们舒适区的任务。

每项任务、运动或工作都有其规则,而我们需要具备相应的技能来遵循这些规则。如果完成某个任务或实现某个目标的规则对我们来说过于简单,我们很可能会感到无聊。过于简单的活动往往会让我们感觉到冷漠。相反,如果我们给自己设定一个过于困难的任务,由于缺乏必要的技能,我们几乎肯定会放弃,并感到沮丧。

理想的状态是找到一条中间道路,选择与我们能力相匹配但又略具挑战性的任务,这样我们才能感受到挑战。正如欧内斯特·海明威所说:"有时我的写作水平超出了我的能力。"[2]

我们希望坚持面对挑战,因为我们享受挑战自我的过程。伯特兰·罗素也表达了类似的观点,他曾说:"能够长时间集中注意力对于取得难能可贵的成就至关重要。"[3]

如果你是平面设计师,可以学习一款新的软件来完成下一个项目。如果你是程序员,可以尝试一种新的编程语言。如果你是舞者，可以在下一支舞蹈中融入一个看似不可能完成的动作。

增加一些额外的内容，让自己走出舒适区。

即使是阅读这样简单的事情，也需要遵循一些规则，并具备相应的能力和知识。如果我们尝试阅读一本专为物理学专家撰写的量子力学书籍，而我们自己并不是专家，可能几分钟后就会放弃。相反，如果我们已经掌握了书中所有的内容，阅读时也会感到乏味。

然而，如果这本书的内容符合我们的知识水平和能力，并且建立在我们已有的理解基础上，我们就会全身心地投入阅读，时间也会悄然流逝。这种快乐和满足感表明，我们与自己的"ikigai"形成了共鸣。

表3 面对不同任务时的状态

| 简单的任务 | 具有一定挑战性的任务 | 超出能力范围的任务 |
| --- | --- | --- |
| 无聊 | 心流体验 | 焦虑 |

## 策略二：设定明确而具体的目标

适度玩电子游戏、桌游及进行体育运动是实现心流的有效方式，因为这些活动的目标通常非常明确：击败对手或打破自己的纪录，同时遵循一套清晰的规则。

然而，在大多数情况下，目标并不那么明确。

根据波士顿咨询公司的一项研究，当员工谈到他们的老板时，最常见的抱怨是老板没有清晰地传达团队的使命，导致员工不知道自己的目标是什么。

在大公司中，高管们常常过于关注细节规划，试图通过制定策略来掩盖缺乏明确目标的事实。这就像出海时手里有地图，却没有明确的目的地。

拥有指向具体目标的指南针远比拥有地图更为重要。麻省理工学院媒体实验室主任伊藤穰一（Joi Ito）鼓励我们在面对不确定的世界时，运用"指南针优于地图"的原则进行导航。在他与杰夫·豪（Jeff Howe）合著的《爆裂：未来社会的9大生存原则》（*Whiplash: How to Survive Our Faster Future*）一书中指出："在一个日益不可预测、瞬息万变的世界中，一张详细的地图可能会让你付出不必要的高昂代价，陷入丛林之中，而一个好的指南针总能带你到达目的地。这并不意味着在旅程开始时完全不知所向，而是要明白，通往目标的道路可能并不是笔直的，但相比沿着预先规划的路线缓慢跋涉，你会更快、更高效地抵达终点。"

在商业、创意行业和教育领域，开始工作、学习或创作之前，反思我们想要实现的目标至关重要。我们应该问自己一些问题，比如：

- 我今天工作目标是什么？
- 我今天打算为下个月的文章写多少字？
- 我们团队的使命是什么？
- 我明天要把节拍器调到多快，才能在本周末之前以快板的速度演奏那首奏鸣曲？

明确目标对于进入心流至关重要，但我们也必须学会在开始工作时暂时放下这个目标。一旦旅程开始，我们需要牢记目标，但不要过于执着。

当奥运会上的运动员争夺金牌时，他们不会停下来去想那块奖牌有多美。他们必须专注于当下，保持心流状态。如果他们在某一瞬间分心，想着将来向父母展示金牌时的自豪感，那么在关键时刻极有可能会出现失误，无法赢得比赛。

写作障碍就是一个常见的例子。想象一下，一个作家需要在三个月内完成一部小说。目标很明确,但她却无法摆脱对这个目标的执念。每天早上,她醒来时都会想着,我必须完成这部小说,但她每天却只是看报纸和打理家务。到了晚上,她感到沮丧,并下定决心第二天一定会开始工作。

日复一日,周复一周,月复一月,时间就这样悄然流逝,这个作家仍然没有写下任何东西,而她只需坐下来写下第一个字,然后是第二个字……在这个项目中保持心流,表达她的"ikigai"。

一旦你迈出这几小步,焦虑就会消失,你会在所进行的活动中体验到愉悦的心流。正如阿尔伯特·爱因斯坦所说:"一个快乐的人对当下感到满足,不会沉迷于未来。"[4]

表4 有不同目标时的状态

| 有模糊的目标 | 有明确的目标并关注过程 | 执着于实现目标,却忽视了过程 |
| --- | --- | --- |
| 困惑,时间和精力浪费在无意义的任务上 | 心流 | 专注于目标,而非实际行动 |
| 心理障碍 | 心流 | 心理障碍 |

## 策略三：专注于某项任务

这是我们今天所面临的最大障碍之一，因为新技术带来的干扰实在太多。我们在写电子邮件的同时会观看视频网站，如果突然弹出一个聊天提示，我们便立刻去回复。接着，口袋里的智能手机震动，我们回应完那个消息后，又回到电脑前，登录社交软件。不一会儿，30分钟就过去了，我们已经忘记了正在写的电子邮件的内容。

有时，我们一边吃晚餐一边看电影，直到最后一口才意识到刚才吃的三文鱼是多么美味。

我们常常以为同时处理多项任务能节省时间，但科学研究表明，结果恰恰相反。即使那些自认为擅长多任务处理的人，实际上效率也并不高。事实上，他们的效率往往是最低的。

我们的脑子能够同步接收数百万条信息，但每秒钟只能处理几十条。当我们说自己在进行多任务处理时，其实是在任务之间快速切换。遗憾的是，我们并不是擅长并行处理的计算机。最终，我们把所有精力都耗费在交替任务的过程，而不是专注于做好其中的一项。

"一次专注于一件事,可能是实现心流状态的最重要因素。"

根据契克森米哈赖的说法,要专注于一项任务,我们需要:

1. 处于一个没有干扰的环境中。
2. 每时每刻都能掌控自己正在做的事情。

科技是美好的,前提是我们能够掌控它。如果它反过来控制了我们,就不那么美好了。

例如,当你需要写一篇研究论文时,可能会坐在电脑前,用搜索软件查找所需的资料。然而,如果你缺乏自律,最后可能会在网上冲浪,而不是专心写论文。在这种情况下,搜索软件和互联网就会占据主导,破坏你的心流状态。

科学研究表明,如果我们不断地让大脑在任务之间切换,就会浪费时间,犯更多错误,并对自己所做的事情记忆模糊。

斯坦福大学的克利福德·伊瓦尔·纳斯(Clifford Ivar Nass)展开了几项研究,指出我们这一代人正遭受

"多任务处理流行病"的困扰。

其中一项研究分析了数百名学生的行为,并根据他们同时处理的任务数量将其分为不同组别。那些习惯于多任务处理的学生通常在四个以上的任务之间频繁切换。例如,一边阅读教科书一边记笔记、听播客、回复手机上的消息,有时还会查看社交网络动态。

每组学生面前都会有一个屏幕,上面有几个红色箭头和几个蓝色箭头,然后让学生计算红色箭头的数量。

起初,所有学生都能轻松地给出正确答案。然而,随着蓝色箭头数量的增加(红色箭头的数量保持不变,只有位置发生变化),习惯于多任务处理的学生在规定时间内计算红色箭头时遇到了很大困难,速度也远不如那些不习惯多任务处理的学生。这是因为他们的注意力被蓝色箭头分散了!对于那些习惯于多任务处理的学生,他们的大脑经过训练后会关注各种刺激,而不论其重要与否;其他学生的大脑则聚焦于单一任务——在这种情况下,他们只会计算红色箭头的数量而忽略蓝色箭头。[5]

其他研究表明,同时处理多项任务会使我们的生产力降低至少60%,智商下降超过10%。

由瑞典工作生活与社会研究委员会资助的一项研究发现，4000多名年龄在 20 ～ 24 岁，沉迷于智能手机的年轻人，睡眠时间减少，感到与学校的联系减弱，并且更容易出现抑郁的迹象。[6]

表5　不同处理任务的方式及其影响

| 专注于单一任务 | 多任务处理 |
| --- | --- |
| 更容易进入心流 | 不可能进入心流 |
| 生产力提高 | 生产力降低至少 60%（尽管看起来并非如此） |
| 记忆力增强 | 使记忆变得更加困难 |
| 错误发生的可能性减少 | 犯错的概率增加 |
| 使我们感到冷静，能掌控当前任务 | 让我们感到压力，仿佛失去了控制，任务反而在控制我们 |
| 使我们更加体贴，因为我们全神贯注于周围的人 | 对刺激的"成瘾"会伤害到周围的人。总是查看手机，总是流连于社交媒体 |
| 创造力提升 | 创造力降低 |

阻碍心流体验已成为一种流行病，我们怎样才能避免成为它的受害者呢？我们又该如何训练大脑，专注于

单一任务？以下一些建议可以帮助我们创造出无干扰的空间和时间，从而提高进入心流的概率，更好地与我们的"ikigai"连接。

- 刚醒的第一个小时和睡觉前的最后一个小时，不要使用任何电子设备。
- 进入心流之前，先关闭手机。在这段时间里，完成你选择的任务是最重要的。如果觉得这样做太极端，可以开启"请勿打扰"模式。这样，只有在紧急情况下，与你关系密切的人才能联系你。
- 一周中选择一天，最好是星期六或星期日，作为"科技禁用日"。这一天可以使用不连接Wi-Fi的电子阅读器或MP3播放器。
- 去一家没有Wi-Fi的咖啡馆。
- 每天只回复一次或两次电子邮件。要明确设定时间，并严格遵守。
- 试试番茄工作法：找一个厨房定时器（有些定时器的形状像番茄），在定时器运行时专注于单一任务。番茄工作法建议每个周期工作25分钟，休息5分钟。不过你也可以选择工作50分钟，休息10分钟。找到最适合自己的节奏,最重要的是要有规律地完成每个周期。

- 以你喜欢的仪式开始工作,并在结束后给自己奖励。
- 当你发现自己分心时,训练你的思维,回到当下状态。正念或其他形式的冥想、散步或游泳——只要能帮助你重新集中注意力的方式都可以采用。
- 在一个不会让你分心的地方工作。如果在家无法做到这一点,可以去图书馆、咖啡馆。或者如果你的任务是演奏萨克斯,可以去音乐工作室。如果你发现周围的环境仍然让你分心,那就继续寻找,直到找到合适的地方。
- 将每项活动划分成不同任务组,并为每组指定特定的地点和时间。例如,如果你在写一篇杂志文章,可以早上在家进行研究和记笔记,下午在图书馆写作,晚上在沙发上进行编辑。
- 将日常任务进行分类,比如开发票、打电话等,并一次性完成这些任务。

## 表 6　心流与分心的优劣

| 心流的优势 | 分心的劣势 |
| --- | --- |
| 思维专注 | 思维漫游 |
| 活在当下 | 忧虑过去与未来 |
| 摆脱了忧虑 | 担忧日常生活，周围人侵扰我们的思绪 |
| 时间飞逝 | 每分钟似乎都没有尽头 |
| 感觉自己掌控一切 | 失去控制，无法完成手头的任务，或者其他任务和人让我们无法专注于工作 |
| 准备充分 | 在没有准备的情况下行动 |
| 知道在什么时刻应该做什么 | 常常陷入困境，不知道该如何继续 |
| 思维清晰，能够克服所有思维流动的障碍 | 时常被怀疑、担忧和低自尊困扰着 |
| 愉悦的体验 | 无聊且令人疲惫 |
| 自我逐渐淡化：并不是在控制所进行的活动或任务，而是活动或任务在引导我们 | 不断自我批评：我们的自我存在感是什么？感到沮丧 |

## 日本人的心流：
## 匠人、工程师、发明家与御宅族

匠人、工程师、发明家和御宅族（动漫迷）有什么共同点？他们都能意识到，始终与自己的"ikigai"保持一致是多么重要。

对日本人的一个普遍印象是，他们专注且勤奋，尽管一些日本人认为，他们不过是看起来更努力，实际上并非如此。但毫无疑问，当他们沉浸于某项任务时，能够全神贯注，并在遇到问题时展现出顽强的毅力。我在学习日语时，最早接触的词之一是"頑張る"，意思是"坚持"或"努力"。

日本人往往以近乎痴迷的态度去完成最基本的任务。这种现象随处可见，从在长野山区悉心照料稻田的"退休人员"，到周末在便利店值班的大学生。去日本，几乎总能感受到他们对细节的关注。

踏进那霸、金泽或京都的手工艺店，你会瞬间领悟：日本是一座活生生的传统工艺宝库——源远流长，门类缤纷。

## 匠人的艺术

丰田公司聘请了那些能够手工制作特定螺丝的匠人。这些匠人，或称为有某种特定手工技能的专家，对丰田至关重要，且难以替代。他们中有些人是唯一掌握这些特定技能的人，而新一代的员工似乎并不愿意继承他们的技能。

黑胶唱片的唱针则是另一个例子：它们几乎完全在日本生产，至今只有一小部分人懂得如何操作制造这些精密的器件。他们正在努力将自己的知识传授给后代。

在广岛附近的小镇熊野，我们遇到了一位匠人。那天，我们正在为一家西方著名的化妆刷品牌拍摄照片。镇上的欢迎广告牌上绘有一个手持大刷子的吉祥物。除了刷子工厂，熊野的小巷中还散布着许多小房子和菜园；深入小巷，可以看到几座神社，它们坐落在山脚下，村庄被群山环绕。

我们花了几个小时在工厂里拍照。工人们整齐地依照流水线排成一列，各自专注于不同的任务，比如给刷子的把手上漆，或者将刷子装箱上车。直到这时，我们才意识到，实际上还没有看到任何人将毛刷装入刷头。

经过多次询问，最终一家公司的总裁同意向我们展示这个过程。他带我们走出大楼，邀请我们上他的车。车子开了五分钟后，我们在另一栋较小的建筑旁停车，然后爬上楼梯。他打开一扇门，我们走进一个有很多窗户的小房间，阳光透过窗户洒进来，光线柔和而宜人。

房间中央站着一位戴着面具的女人，只有眼睛露在外面。她全神贯注地为刷子挑选每根毛，手指优雅地舞动，用剪刀和梳子整理毛刷，完全没有察觉到我们的存在。她的动作迅速而流畅，让人难以看清她究竟在做什么。

总裁打断了她，告诉她我们会在她工作时拍照。虽然我们看不到她的嘴，但她眼中的光芒和语调中的愉悦让我们知道她在微笑。谈起自己的工作和责任时，她显得既快乐又自豪。

为了捕捉她的动作，我们不得不使用极快的快门速度。她的手与工具和正在整理的毛刷协调地舞动，流畅而优雅。

总裁告诉我们，这位匠人是公司中最重要的员工之一，她被安排在一栋独立的建筑里，公司生产的每一把毛刷都经过她的手。

## 史蒂夫·乔布斯在日本

苹果公司的联合创始人史蒂夫·乔布斯（Steve Jobs）是日本的忠实粉丝。他在 20 世纪 80 年代参观了索尼的工厂，并在创办苹果时采纳了许多他们的方法，还被京都瓷器的简约和优良品质所深深吸引。

然而，赢得乔布斯青睐的匠人并不是来自京都，而是来自富山。那位名叫释永由纪夫（Yukio Shakunaga）的匠人，掌握一种叫"越中濑户烧"的技艺，这种技艺只有少数人知晓。

在一次京都之行中，乔布斯参观了释永由纪夫的作品展览。他立刻感受到释永由纪夫的瓷器与众不同。他购买了几只杯子、花瓶和盘子，并在那一周内三次前往展览场参观。

乔布斯在一生中多次前往京都寻找灵感，最终亲自与释永由纪夫会面。据说，乔布斯向他提出了许多问题，几乎都与瓷器制作工艺和他所使用的瓷器有关。

释永由纪夫解释说，他使用的是自己从富山县的山中采来的白瓷土，这使他成为日本唯一一位熟悉瓷器原材料到最终成品的每一个环节的艺术家——他是真正的匠人。

乔布斯对此印象深刻，曾考虑前往富山，亲自去看看释永由纪夫采挖瓷器黏土的那座山，但在得知从京都乘火车需要四个多小时后，最终打消了这个念头。

乔布斯去世后，释永由纪夫在一次采访中表示，他的作品得到了这位苹果手机创始人的认可，这让他感到非常自豪。他提到，乔布斯最后一次向他购买的物品是一套由十二只茶杯组成的茶具。乔布斯希望能得到一些特别的东西，"一种新风格"。为了满足这个要求，释永由纪夫在尝试新想法的过程中制作了一百五十只茶杯，最终挑选出最好的十二只寄到了乔布斯家里。

自第一次访问日本以后，乔布斯便对这个国家的工匠、工程师（尤其是索尼的）、哲学（尤其是禅宗）和美食（尤其是寿司）着迷并深受启发。[7]

## 复杂的简素

日本的工匠、工程师、哲学、禅学和美食之间有什么共同点？那就是简素和对细节的关注。这种简素并非源于懒惰，而是一种复杂化的简素，致力于探索新的边界，始终将物体、身心或美食提升到一个新的高度，体现个人的"ikigai"。

正如契克森米哈赖所言,关键在于始终让自己接受有意义的挑战,以保持心流状态。

纪录片《寿司之神》(*Jiro Dreams of Sushi*)为我们展示了另一位匠人的故事,这次故事发生在厨房。影片的主角小野二郎(Jiro)每天制作寿司,已经超过八十年,他在东京银座地铁站附近经营着一家小寿司店。每天,他和儿子都会前往著名的筑地市场,挑选最优质的鱼带回店里。

在纪录片中,我们看到了小野二郎的儿子正在学习制作玉子烧(薄而微甜的煎蛋卷)。无论他多么努力,都无法获得小野二郎的认可。他不断练习了多年,最终获得了成功。

这位徒弟为何不愿放弃呢?难道他每天做玉子烧都不会感到厌倦吗?其实并不会,因为制作寿司也是他的"ikigai"所在。

小野二郎和他的儿子都是烹饪艺术家。他们在烹饪时从不感到无聊——他们进入了心流。在厨房时,他们完全沉浸其中,这就是他们的快乐,他们的"ikigai"。他们学会了从工作中获得乐趣,忘记了时间概念。

他们已经超越父子间的亲密关系，这使得他们每天都能迎接挑战。他们在一个安静而和谐的环境中工作，这让他们能够全神贯注。即使获得了米其林三星评级，他们也从未考虑开设其他分店或扩展业务。他们的小店一次只能接待十位客人。小野二郎的家人并不追求盈利；相反，他们更看重良好的工作环境，希望创造一种氛围，让他们在制作世界上最好的寿司时能进入心流。

小野二郎与释永由纪夫一样，都是从"源头"开始自己的工作。他前往鱼市，寻找最优质的金枪鱼，而释永由纪夫深入山中，寻找最好的瓷器黏土。当开始工作时，二人都与自己所创造的物件融为一体。在这种心流状态下，他们与物件的融合在日本具有特殊的意义，因为根据神道教的信仰，森林、草木乃至许多自然物体中都蕴含着神灵。

当一个人——无论是艺术家、工程师还是厨师——开始创造某样东西时，他或她的责任就是在每一个瞬间都尊重自然，并利用自然赋予其"生命"。在这个过程中，工匠与物件融为一体，并且心流随之而动。一位铁匠会说金属有其自身的生命，陶瓷手工艺者会说泥土也同样如此。日本匠人擅长将自然与技术结合起来：人与自然并不是对立的，而是和谐统一的。

## 吉卜力的纯粹性

有人认为，与自然紧密相连的神道教价值观正在逐渐消失。对此现象最为严厉的批评者之一是另一位拥有明确"ikigai"的艺术家——宫崎骏（Hayao Miyazaki），吉卜力工作室的动画电影导演。

几乎在他所有的电影中，我们都能看到人类、技术、幻想与自然之间的冲突，但最终又走向融合。在他的电影《千与千寻》（*Spirited Away*）中，一个浑身是垃圾的胖胖的河神变成了一种寓意深刻的隐喻，象征着河流的污染。

在宫崎骏的电影中，森林拥有个性，树木有情感，机器人与鸟儿成为朋友。宫崎骏被日本政府视为国宝，是一位能够完全沉浸在艺术创作中的艺术家。他使用的是20世纪90年代末生产的手机，并要求整个团队手工绘制卡通画。他在纸上描绘出最细微的细节来"导演"他的电影，通过绘画而非电脑进入心流。正因导演的这种执着，吉卜力工作室几乎完全依靠传统技艺进行动画制作，这在全球范围内都是屈指可数的。

曾经造访吉卜力工作室的人都知道，在某个星期天，常常能看到一个孤独的身影蜷缩在角落里，埋头苦干。他衣着简单朴素，抬头时会说一句"早上好"来打招呼。

宫崎骏对工作充满热情，星期天常常待在工作室，享受心流，他把自己的"ikigai"置于一切之上。访客们知道，绝对不能打扰宫崎骏，尤其是在他绘画时，因为他脾气急躁是出了名的。

2013年，宫崎骏一度宣布退休。为纪念他的退休，NHK电视台制作了一部纪录片，记录了他最后几个工作日的情景。几乎每一个场景里，他都在全神贯注地绘画。有这样一个镜头：几位同事走出会议室，而宫崎骏则在一个角落里作画，丝毫没留意他们。在另一个镜头中，他在12月30日（日本放假期间）走向吉卜力工作室，打开大门，准备在那儿独自度过一天，继续他的创作。

宫崎骏无法停止绘画。在他"退休"的第二天，他没有选择去度假或待在家里，而是去了吉卜力工作室，坐下来继续绘画。他的同事们面面相觑，不知该说些什么。一年后，他宣布不再制作长篇动画电影，但会一直画画，直到他去世的那一天。

如果一个人始终对自己的工作充满热情，还会真的"退休"吗？

## "隐士"

这种能力不仅存在于日本人身上，世界各地也有许多艺术家和科学家拥有深刻而清晰的"ikigai"。他们一直做着自己热爱的事情，直到生命的最后一刻。

在永远闭上眼睛之前，爱因斯坦写下了一条公式，试图将宇宙中的所有力量统一成一个理论。在即将去世的那一刻，他仍在做自己热爱的事情。他曾说，如果自己不是物理学家，他会很乐于成为一名音乐家。在不专注于物理或数学时，他喜欢拉小提琴。在专注于公式或音乐时，他便进入了心流，这两个"ikigai"，让他沉浸其中，乐无止境。

许多艺术家可能给人一种厌世或隐居的印象，但他们真正追求的是保护那些能带给他们快乐的时光，有时甚至以生活的其他方面为代价。他们是极少数的例外，是"隐士"，能极致地将心流的原则融入自己的生活。

另一位这样的"隐士"是小说家村上春树（Haruki Murakami）。他的社交圈非常小，只与少数朋友交往，在日本几年才公开露面一次。

"隐士"们深知，要想在自己的生命中保持心流状态，保护自己的空间、控制环境、避免干扰是多么重要。

## 微心流：享受平凡的任务

当我们不得不面对一些琐事，比如洗衣服、割杂草或处理文书时，会发生什么呢？有没有办法让自己在这些平凡的事情中找到乐趣呢？

在东京新宿地铁站附近，有一家超市仍然雇佣电梯操作员。这些电梯相当普通，顾客完全可以自己操作，但这家商店更愿意让专人提供服务，为顾客开门，按楼层按钮，并在离开时鞠躬致意。

如果你打听一下，就会发现有一位电梯操作员自2004年以来一直在做同样的工作。她总是面带微笑，充满热情。她是如何享受这样的工作的？难道她不会觉得做这么重复的事情很无聊吗？

经过仔细观察，可以清楚地看到，这位电梯操作员不仅仅是在按按钮，而是在进行一系列优雅的动作。她首先用如歌般的问候迎接顾客，随后鞠躬并挥手致意。接着她优雅地按下电梯按钮，仿佛是一位艺伎在为客人奉上一杯茗茶。

契克森米哈赖称之为"微心流"（microflow）。

我们在课堂或会议中常常感到无聊，开始涂鸦以娱乐自己，或者在粉刷墙壁时哼着小曲。如果没有真正的挑战，我们就容易感到无聊，于是会让自己做一些复杂的事情来找乐子。我们可以将日常事务转化为微心流，让它们变得有趣，这是我们获得快乐的关键，因为这些任务是我们必须完成的。

甚至富豪比尔·盖茨（Bill Gates）每晚也会自己洗碗。他表示自己很享受这个过程——这不仅能让他放松心情，还能理清思绪。他努力每天都做得更好，遵循自己设定的顺序和规则：先洗盘子，再洗叉子，依次进行下去。

这是他日常生活中体验到的微心流时刻之一。

理查德·费曼（Richard Feynman），历史上最重要的物理学家之一，也乐于从事日常琐事。超级计算机制造商思维机器公司的创始人之一 W. 丹尼尔·希利斯（W. Daniel Hillis），在费曼已经享誉全球时，聘请他参与开发一种能够进行并行计算的计算机。希利斯回忆道，费曼在第一天上班时就问："好的，老板，我的任务是什么？"由于没有准备好任何工作，他们让他解决一个特定的数学问题。费曼立刻意识到这是个无关紧要的任务，只是为了让他打发时间，于是他说："这听起来像一派胡言——让我做一些真正的工作。"

他们让他去附近的商店买办公用品，他面带微笑地完成了这个任务。当他没有重要的事情要做，或者需要让大脑放松时，费曼就会让自己进入微心流，比如给办公室的墙壁涂漆。

几周后，一群投资者参观思维机器公司的办公室，他们说道："你们这里竟然有一位诺贝尔奖得主在刷墙和焊接电路。"[8]

## 瞬息之旅：通过冥想达到目的

训练思维能让我们更快地进入心流，冥想则是锻炼心性"肌肉"的有效方法。

冥想的形式多种多样,但它们的共同目标是:平静心灵,内省自己的思维和情感,并将注意力集中在某个特定的对象上。

基本的冥想练习要求身体坐直,专注于自己的呼吸。任何人都可以轻松尝试冥想,甚至只需一次练习,就能感受到明显的变化。将注意力放在空气进出鼻子的感觉上,思绪的涌动会减缓,心境也会变得澄明。

### 弓箭手的心法

在1988年奥运会的射箭比赛中,金牌获得者是一位来自韩国的17岁女孩。当她被问及备赛方法是什么,她表示,训练中最重要的部分是每天冥想两个小时。

如果我们想要更好地体验心流,冥想是一个绝佳的选择,它可以帮助我们抵御智能手机,屏蔽那些不断打扰我们注意力的消息通知。

初学冥想的人常常犯的一个错误是担心自己是否能"正确"地进行冥想,是否能够达到绝对的心里宁静,或者是否能实现"涅槃"。然而,最重要的是专注于这个过程。

由于思维总是充满各种想法、观念和情感,放慢"离心机"的转动——即使只是几秒钟——也能让我们感到更加放松,使思维变得更加清晰澄明。

事实上,在冥想的实践中,我们能学到的就是不要担心那些在脑海中闪现的念头。例如,杀掉老板的想法可能会突然浮现在我们脑海中,但我们只需将其视为一个念头,让它像云朵一样飘过,而不去评判或排斥它——如此它就只是一个念头——根据一些专家的说法,我们每天会有六万个这样的念头。

冥想会产生 α 波和 θ 波。对于有冥想经验的人来说,这些脑波会立即出现,而初学者可能需要半个小时才能体验到。在我们入睡前,躺在阳光下时,或在洗完热水澡后,这些令人放松的脑波会被激活。

每个人都随身携带一座"心灵温泉"。关键在于知道如何进入这种放松状态——这是一件任何人只需稍加练习就能做到的事情。

## 生活在仪式中的人类

生活本质上充满了仪式感。可以说，人类自然而然地遵循着一些仪式，它们使我们变得忙碌。在某些现代文化中，我们被迫过上缺乏仪式感的生活，追求一个又一个的目标，以便让他人看到我们的成功。然而，纵观历史，人类始终在繁忙中度过。我们狩猎、烹饪、耕作、探索和养家糊口，这些活动被赋予了一种仪式感，使我们在日常生活中保持忙碌。

但在日本，仪式以一种独特的方式渗透到日常生活和商业实践中。日本的主要宗教——佛教和神道教，以及日本人推崇的儒家文化——都强调仪式的重要性，往往超过了绝对的规则。

在日本做生意时，过程、礼仪和工作方式比最终结果更为重要。这对经济的影响是好是坏，超出了本书的讨论范围。然而，有一点毋庸置疑，在"仪式化的工作环境"中，找到工作状态要比在一个充满压力、努力实现上司设定的不明确目标的环境中容易得多。

仪式为我们提供了明确的规则和目标，帮助我们进入心流。当我们只有一个大目标时，往往会感到迷茫，而仪式则通过提供实现目标的过程和子步骤来指引我们。面对一个大目标时,不妨将其拆分成几个部分,然后逐一攻克。

我们应该用心去享受日常仪式,将其作为进入心流的工具。我们无需担心结果——它会自然而然地到来。幸福在于过程,而非结果。作为经验法则,我们应该时常提醒自己:秉持仪式,胜过执念目标。

最快乐的人并不是那些成就最多的人,而是那些比其他人更频繁地体验到心流的人。

## 利用心流找到你的 "ikigai"

读完这一章后,你应该对哪些活动能让你进入心流有了更清晰的认识。把这些活动写在纸上,然后问自己几个问题:让你进入心流的活动有什么共同之处?为什么这些活动能让你体验到心流?比如,在你最喜欢的活动中,你是自己一个人做,还是和别人一起进行?在需要身体活动的事情上,你是否更容易进入心流,还是仅仅依靠思考?

在这些问题的答案中,你可能会找到驱动你生活的内在的"ikigai"。如果没有找到,那么继续深入探索你喜欢的事物,花更多时间参与那些让你进入心流的活动。同时,尝试一些不在你心流活动清单上的新事物,但这些新事物与之相似,且能激发你的好奇心。例如,如果摄影能让你进入心流,你也可以尝试绘画——你可能会更喜欢绘画!又或者,如果你喜欢滑雪,也可以尝试冲浪……

心流是神秘的。它就像一块肌肉,你越是训练它,心流体验就会越多,离自己的"ikigai"也就越近。

唯有通过学习，大脑才能永远保持活力，永不疏远，免于遭受折磨，我们才可以摆脱恐惧与怀疑，不会感到遗憾。

*Ikigai*

第五章

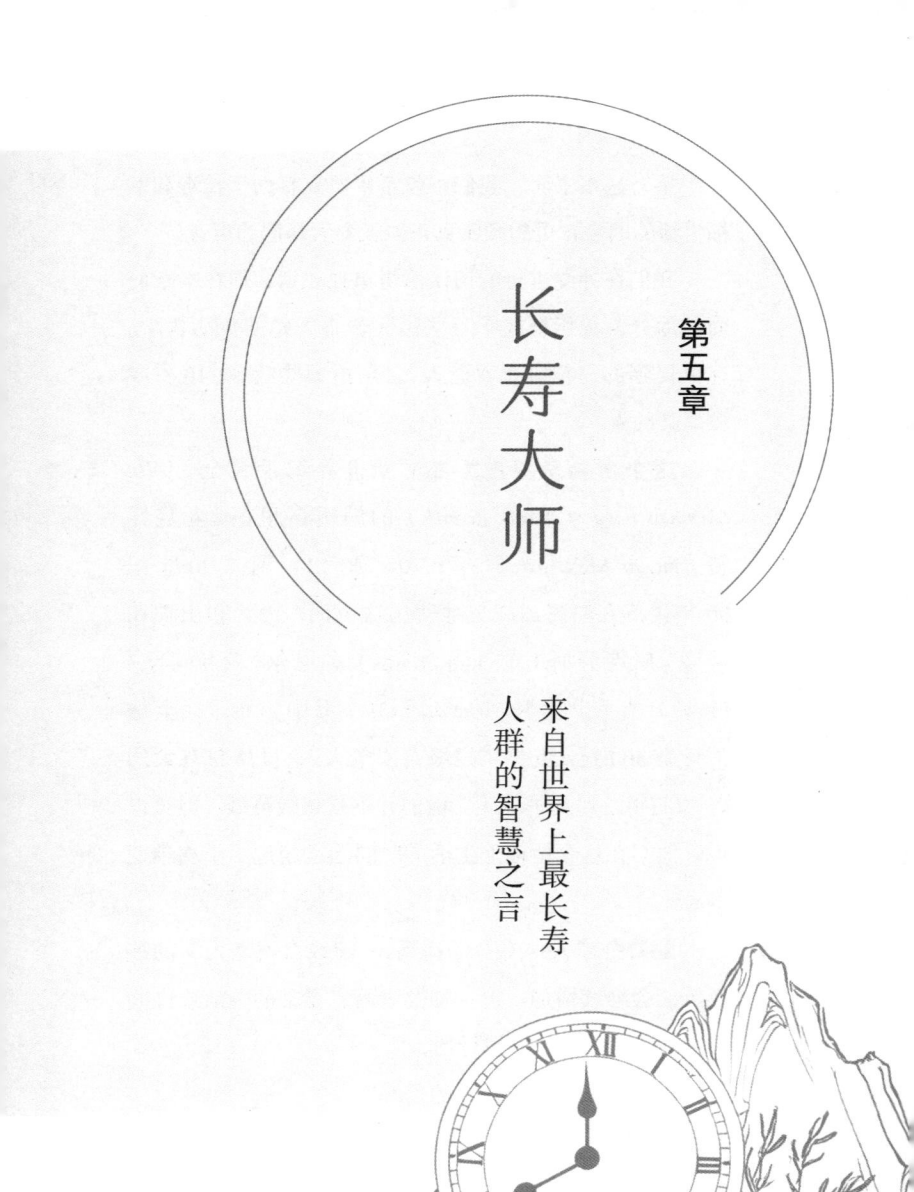

# 长寿大师

来自世界上最长寿人群的智慧之言

撰写这本书时,我们不仅希望研究有助于长寿和幸福生活的因素,更想倾听真正的长寿大师们的声音。

我们在冲绳进行的访谈值得单独成章,但在本章前面的部分,我们概述了一些国际长寿大师的生活哲学。这里提到的"超级百岁老人",是指那些活到110岁或更高龄的人。

这个术语最早由《吉尼斯世界纪录大全》(*The Guinness Book of World Records*)的编辑诺里斯·麦克怀特(Norris McWhirte)在1970年提出。到了20世纪90年代,人们更加广泛地使用这个词,因为它出现在威廉·斯特劳斯(William Strauss)和尼尔·哈伊(Neil Howe)的《世代》(*Generations*)一书中。如今,全球估计有300到450位"超级百岁老人",虽然只有大约75位的年龄得到了确认。他们并不是超级英雄,但可以说,他们在这个星球上生活的时间远远超过了平均预期寿命。

随着全球人均寿命的提高,"超级百岁老人"的数量可能会继续增加。过一种健康而有意义的生活或许能够帮助我们加入他们的行列。

让我们来听听这些人的见解。

## 大川美佐绪(117岁)

"能吃能睡,你就能活得长久。你必须学会放松。"

根据老年医学研究小组的数据,截至 2015 年 4 月,世界上最长寿的人是大川美佐绪(Misao Okawa)。她在日本大阪的一家护理机构去世,享年 117 岁零 27 天。

她是纺织商的女儿,出生于 1898 年,那时西班牙失去了古巴和菲律宾的殖民地,而美国则吞并了夏威夷,并推出了百事可乐。在 110 岁之前,这位跨越三个世纪的女性一直能够独立生活。

当专家们询问大川美佐绪的自我护理习惯时,她简单地回答说:"吃寿司和睡觉。"此外,我们还可以说,她对生活充满了无限的热情。当被问及长寿的秘诀时,她微笑着说:"我也在问自己同样的问题。"[1]

以下依然证明了日本是长寿老人的沃土:2015 年 7 月,百岁老人百井盛去世,享年 112 岁零 150 天。当时他是世界上年纪最大的男性,尽管在长寿者排名中,他比前面 57 位女性都要年轻。

## 玛丽亚·卡波维亚（116岁）

"我一辈子都没有吃过肉。"

玛丽亚·卡波维亚（María Capovilla）1889年出生于厄瓜多尔，曾被吉尼斯世界纪录认证为世界上最年长的人。她于2006年因肺炎去世，享年116岁零347天，她留下了3个孩子、12个孙子以及20个曾孙和曾曾孙。

她在107岁时接受了最后一次采访，分享了自己的回忆和想法：

> 我很快乐，感谢上帝让我活这么久。我从没想过自己能活这么久，曾以为早就会离开这个世界。我的丈夫安东尼奥·卡波维亚曾在一艘船上当船长，他在84岁时去世。我们有两个女儿和一个儿子，现在我有很多孙子和曾孙。
>
> 过去的日子要好得多，人们的举止更得体。我们以前经常跳舞，但比现在更加克制；有一首我特别喜欢跳的舞曲是鲁伊斯·阿拉尔孔（Luis Alarcón）的《玛丽亚》（María）。

> 我至今仍能记得大部分歌词。我还记得许多祷告词,每天都会念诵。
>
> 我喜欢华尔兹,至今仍能跳。我还会做手工艺,依然在做一些我上学时做过的东西。[2]

她回忆完往事后,便开始跳舞——这正体现了她无限的热情,舞动的能量让她看起来年轻了几十岁。

当被问及长寿的秘诀时,她简单地回答:"我不知道长寿的秘密是什么。我唯一能说的是,我一生都没吃过肉。我把长寿归功于此。"

## 让娜·卡尔门(122岁)

"一切都很好。"

让娜·卡尔门(Jeanne Calment)于1875年2月出生在法国的阿尔勒,1997年8月4日去世,享年122岁,她成为历史上经认证的最高龄者。她开玩笑说自己在与"玛土撒拉"[①]竞争。毫无疑问,她在不断庆祝生日的过

---

① 玛土撒拉(Methu selah),《圣经》中记载的最长寿的人,活了969岁。

程中打破了许多纪录。

她过着幸福的生活,几乎从未放弃任何乐趣,最后自然离世。100岁时,她还在骑自行车。110岁时,她仍独自生活,直到因意外在公寓里引发了一场小火灾后,才同意搬进养老院。120岁时,由于白内障的缘故,她很难将香烟放到嘴边,才因此停止了抽烟。

她的长寿秘诀之一或许在于她的幽默感。正如她在120岁生日时所说,"我视力不好,听力不好,感觉也不好,但一切都很好。"[3]

## 沃尔特·布鲁宁(114岁)

"如果你保持身心活跃,你会活得很长久。"

沃尔特·布鲁宁(Walter Breuning)于1896年出生于明尼苏达州,他在漫长的一生中见证了三个世纪的风云变迁。2011年,他在蒙大拿州因自然原因去世。他曾有过两任妻子,并在铁路上工作了整整50年。83岁时,他退休了,搬到了蒙大拿州的一家养老中心生活,并且直到去世前都居住在那里。他是美国历史上第二位经认证的最高龄男性。

在晚年，布鲁宁接受了多次采访，他坚信长寿的秘诀源于多种因素。他每天只吃两顿饭，并尽可能多地工作。他在 112 岁生日时说道："如果你保持身心活跃，你就会活得更久。"那时，他仍然坚持每天锻炼。

乐于助人也是布鲁宁的长寿秘诀，那就是，并且他从不害怕死亡。在 2010 年接受美联社采访时，他说："我们都要死。有些人害怕死亡，但永远不要害怕死亡，因为你生来就是为了死亡。"[4]

在 2011 年去世之前，有人说他曾告诉一位牧师，他与上帝达成了一项协议：如果他无法好转，那就意味着是时候离开了。

## 亚历山大·伊米奇（111 岁）
"我只是还没有死而已。"

亚历山大·伊米奇于 1903 年出生在波兰，曾是一名化学家和心理学家，生活在美国。2014 年，前辈去世后，伊米奇成为了世界上经过认证的最高龄男性。可惜的是，他本人在那年 6 月也离世。他漫长的一生充满了丰富多彩的经历。

伊米奇将自己的长寿归结为多种因素，其中之一便是从不饮酒。在被宣布为世界最高龄男性时，他表示："这可不意味着我赢得了诺贝尔奖。我从没想过自己能活这么久。"当被问及长寿的秘诀时，他回答道："我不知道。我只是还没有死而已。"[5]

## 艺术家的"ikigai"

然而，长寿的秘密并不仅仅掌握在"超级百岁老人"手中。许多高龄人士虽然未能进入吉尼斯世界纪录，却为我们提供了灵感和思路，帮助我们为生活增添活力与意义。

例如，那些始终追寻"ikigai"的艺术家，他们并没有选择退休，而是继续展现自己的热情，彰显出这种力量。

艺术以多种形式存在，它是一种"ikigai"，能够为我们的生活带来快乐和目标。享受或创造美是免费的，人人都能轻松接触到美。

日本艺术家葛饰北斋（Katsushika Hokusai）因其浮世绘风格的木刻版画而闻名，享年89岁，历经18世纪中叶至19世纪中叶。他在《富士山百景》(*One Hundred Views of Mount Fuji*)第一版的后记中补充了这样一段文字：

> 我在70岁之前所创作的作品都不值一提。73岁时，我才稍微开始理解真正的自然结构，包括草木、鸟类、鱼类和昆虫。80岁时，我相信自己会取得更大的进步；90岁时，我希望能深入领悟事物的奥秘；100岁时，我一定会达到出神入化的境界。当我迈入100岁之际，我所创作的一切，所刻的每一个点和每一条线，都将自然而然地充满生机。[6]

《纽约时报》(*New York Times*)记者凯米尔·斯威尼(Camille Sweeney)采访了多位艺术家，他们分享了一些深具启发性的言辞。[7]接下来，我们将展示其中的一部分。[7]在这些仍然健在的艺术家中，没有人选择退休，所有人都仍然热爱自己的事业，并计划在生命的最后时刻继续保持这份热情。目标通透，阻力无存。

演员克里斯托弗·普卢默（Christopher Plummer）在

86岁时依然活跃于舞台。他坦言,许多热爱这一职业的人都有一个深藏内心的愿望:"我们希望在舞台上猝死,这是一种极具戏剧性的离去方式。"[8]

现代日本漫画之父手冢治虫(Osamu Tezuka)曾表达过同样的感受。在1989年快要去世时,他在画最后一幅漫画时留下了遗言:"请让我工作!"[9]

86岁的电影制作人弗雷德里克·怀斯曼(Frederick Wiseman)在巴黎散步时接受了采访,他表达了自己对工作的热爱,因此才会如此投入。他说:"每个人都在抱怨身体疼痛,但我的朋友要么已经去世,要么仍在工作。"[10]

刚满100岁的画家卡门·埃雷拉(Carmen Herrera)在89岁时卖出了她的第一幅画作。如今,她的作品已经被泰特现代美术馆和纽约现代艺术博物馆永久收藏。当被问及对未来的看法时,她说:"我总是在等待完成下一个作品。我知道这很荒谬,但我就是这样过日子的。"[11]

> **永不停止学习**
>
> "你的身体可能会衰老和颤抖,你可能会在夜里辗转反侧、听到血管中的躁动声响,你可能会错失你唯一的爱,可能会看到周围的世界被疯狂的恶人摧毁,或者意识到你的尊严在卑劣的思想污水中被践踏。那时,唯一的选择就是学习。学习世界的运转方式以及其背后的动力。唯有通过学习,大脑才能永远保持活力,永不疏远,免于遭受折磨,我们才可以摆脱恐惧与怀疑,不会感到遗憾。"
>
> ——T.H. 怀特,《过去与未来的国王》

自然主义者和作家爱德华·威尔逊(Edward O. Wilson)断言:"曾经我觉得自己有足够的经验来像其他人一样探讨重大问题。大约十年前,当我开始更深入地思考我们是谁、我们从哪里来以及我们要到哪里去时,我为自己对这方面的研究之少感到惊讶。"[12]

爱斯沃兹·凯利(Ellsworth Kelly)是一位艺术家,他于2015年去世,享年92岁。他指出,认为人随着年龄增长而失去能力的想法在某种程度上是个"神话",因为我们实际上会发展出更清晰的观察力和能力。他说:"变老的一个方面是,你会看到更多……每天我都在发现新事物,这就是为什么会有新画作。"[13]

建筑师弗兰克·盖里(Frank Gehry)在他86岁时提醒我们,从被聘用之日到盖好一栋建筑,可能需要七年的时间。[14]这让我们在面对时间的流逝时更有耐心。然而,这位设计过毕尔巴鄂古根海姆博物馆的大师懂得如何活在当下。他说:"要留在自己的时代,不要回头看。"他认为,如果与当下保持联系,保持眼睛和耳朵的敏锐,阅读报纸,关注周遭发生的事情,对一切保持好奇,就会自然而然地融入这个时代。[15]

### 日本的寿星

由于健全的户籍制度,美国有许多寿星得到了确认。然而,在其他国家的偏远村庄中,也有不少百岁老人。在经历了一个世纪的沧桑后,许多人选择在乡村过着宁静的生活,这似乎成为了他们的共同选择。

日本百岁老人数量在世界排名前列。除了后文将详细探讨的健康饮食和综合医疗保健系统(人们定期就医进行健康检查,以预防疾病),日本人的长寿还与日本的文化息息相关。

日本人的社区意识以及他们直到生命最后一刻仍在努力的积极感——正是长寿秘诀的关键所在。

如果你希望在不工作时仍能保持忙碌,就必须找到"ikigai",找到一个贯穿你一生的目标,让你为自己和社区创造美好而有益的事物。

长寿的秘诀在于早睡早起；去散步；过一种平静的生活；享受生活中的小确幸；与朋友和睦相处。春夏秋冬……快乐地享受每一个季节。

Ikigai

## 第六章

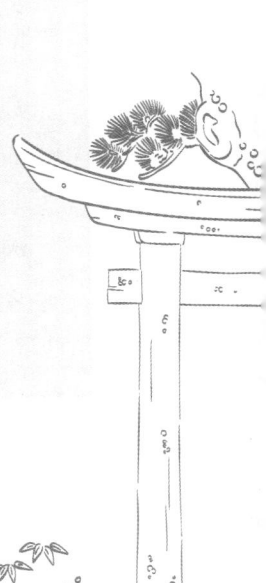

# 日本百岁老人的智慧

### 幸福与长寿的传统与谚语

为了去大宜味，我们需要从东京出发，飞近三个小时到达冲绳的政府驻地那霸。

几个月前，我们联系了"长寿村"的政府部门，向他们说明了我们此行的目的和计划，即准备采访社区中最年长的居民。经过多次沟通，我们终于得到了所需的帮助，成功在小村外租到了一座房子。

项目启动一年后，我们终于来到了最长寿居民的家门口。

我们立刻感受到，在这里时间仿佛停止，整个小村上的人似乎都生活在无尽的当下。

## 抵达长寿村——大宜味

从那霸出发，经过两个小时的车程，我们终于可以不用担心交通问题。左侧是大海和一片空旷的沙滩，右侧是冲绳山原森林的山脉与丛林。

名护市是冲绳引以为豪的奥利恩啤酒的产地，58号公路经过这座城市后，沿海岸线一路延伸，最终抵达大宜味村。在公路与山脚之间的狭窄地带，不时可以看到几栋小房子和商店。

我们进入大宜味村时，沿途可以看到一些零星的小房子，但这个小村似乎没有明显的中心。最终，GPS 导航将我们带到了目的地：位于高速公路旁一栋不起眼的水泥建筑中的"健康支持与推广中心"。

我们从后门走了进去，等候在那里的男子名叫平田。旁边站着一位身材娇小、性格开朗的女士，她自我介绍说她叫雪。另外两位女性立即从办公桌前站起来，带我们进入会议室。她们给我们每人端来一杯绿茶和一些扁实柠檬，这是一种小型柑橘类水果，营养丰富，我们稍后会进一步了解。

平田身穿西装，坐在我们对面，打开一本特别大的日程本和一个三环活页夹。雪坐在他旁边。活页夹里列出了所有居民的名单，按年龄和互助小组（当地人称"moai"）分类。平田指出，这些互助小组是大宜味村的一大特色。"moai"并非围绕某个具体目标组建，而更像一个大家庭。平田还告诉我们，推动大宜味村许多事务的动力不是金钱，而是志愿服务。每个人都愿意贡献自己的力量，而地方政府则负责分配任务。这样一来，大家不仅可以发挥作用，还能感受到自己是社区的一部分。

大宜味村是接近海头岬的最后一个村，而海头岬位于琉球群岛最大岛屿的最北端。

站在大宜味村某座山的顶端，我们可以俯瞰整个小村。几乎所有地方都被山原森林的绿色覆盖，这让我们不得不想，那近3200名居民究竟藏在何处。虽然能看到几座房屋，但它们只是在靠近海边的小聚落或只有小路能通往的小山谷中。

## 共同体的日常

我们受邀去大宜味村的一家餐厅吃饭，村里的餐厅仅有几家。我们到那里时，仅有的三张桌子已经被别人预定了。

"别担心，我们去美海餐厅吧，那儿从来不会满客。"雪一边说着，一边走向她的车。

她已经88岁高龄，却仍然保持开车的习惯，这让她感到十分自豪。她的副驾驶更是已经99岁了，也决定和我们一起共度这个日子。为了跟上她们的速度，我们在这条更像是土路而非柏油路的公路上驾车疾驰。终于，我们穿越丛林，可以坐下来用餐了。

"我其实不常去餐厅吃饭，"雪坐下后说道，"我吃的所有食物几乎都来自我的菜园，而我吃的鱼则是从田中那里采购的，他是我永远的朋友。"

这家餐厅就在海边，仿佛来自《星球大战》(*Star Wars*)中的塔图因星球。菜单上的字体很大，上面标注了"慢食"的字样，所用食材均为当地种植的有机蔬菜。

雪继续说道："但其实，食物并不是最重要的。"她性格外向，大方美丽，喜欢谈论自己在地方政府下属的多个协会担任主任的经历。

"食物并不能让你活得更长，"她边说边咬了一口随餐而来的小点心，"秘诀在于微笑和享受生活。"

在大宜味村，没有酒吧，只有几家餐馆，但这里的居民围绕着社区中心的社交生活十分丰富。小村被划分为17个社区，每个社区都有一位社区主席和几位负责文化、节庆、社交活动以及促进居民长寿事务的人。

居民们对长寿格外关注。

在这17个社区中，我们受邀前往参观其中的一个社区活动中心。这是一座古老的建筑，坐落在山原丛林的一座山脚下，也是小镇中人们信奉的精灵奇吉姆纳的栖息地。

> **山野中的奇吉姆纳**
>
> 在冲绳民间传说中,奇吉姆纳是生活在大宜味村及周边区域的神秘生物。它们看起来像长着红发的孩子,喜欢藏身于丛林中的榕树,或者在海滩上钓鱼。
>
> 冲绳的许多故事和寓言都与奇吉姆纳相关。它们顽皮、欢快,且难以预测。当地人说,奇吉姆纳热爱山脉、河流、大海、树木、土地、风和动物。如果想要跟它们做朋友,就必须尊重自然。

## 生日聚会

当我们到达社区活动中心时,约20位热情的居民迎接了我们,他们自豪地说:"我们中最年轻的都已经83岁了!"

我们围坐在一张大桌子旁,边喝绿茶边进行采访。采访结束后,我们被带到一个活动场所,为三位居民庆祝生日。一位女士即将99岁,另一位94岁,还有一位"年轻人"刚满89岁。

我们唱了一些村里流行的歌曲，最后用英语唱了一首《祝你生日快乐》。那位即将99岁的女士吹灭了蜡烛，感谢大家参加她的生日聚会。我们品尝了自制的椰子柠檬蛋糕，然后跳舞欢庆，仿佛是在庆祝20岁的生日。

这是我们在村子里一周内参加的第一次聚会，但并不是最后一次。我们还将和一群唱得比我们还好的老年人一起唱卡拉OK并参加一个传统节日的庆典，届时会有当地乐队、舞者和坐落在山脚下的美食摊位。

## 永远在一起，欢庆每一天

庆祝似乎是大宜味村居民生活中不可或缺的一部分。

我们受邀观看一场门球比赛，这项运动在冲绳的老年居民中非常受欢迎。比赛中，选手用一种类似槌子的棍子击打球。这是一项低强度的运动，适合在任何地方进行，既能让大家活动身体，又为大家提供了享受乐趣的机会。居民们会定期举办地方比赛，参赛者没有年龄限制。

在本周的比赛中，我们输给了一位刚满104岁的女性。大家兴奋地欢呼，而我们失落的表情引得众人哄然大笑。

除了共同娱乐和庆祝，精神信仰也是村民们幸福生活的重要部分。

## 冲绳的神灵

冲绳的主要宗教是"琉球神道"，琉球是冲绳群岛的原名，神道意指"众神之道"。[1]琉球神道结合了祖灵信仰、来访神信仰、东方信仰等多种元素。此外，还吸收了一些佛教、儒家思想。

根据这一古老的信仰，世界上居住着无数的神灵，这些神灵被分为几种类型，包括家庭之神、森林之神、树木之神和山川之神。人们认为，通过仪式和节日来安抚这些神灵，以及为神圣场所祝圣是非常重要的。

在冲绳神圣的森林里坐落着两种主要的寺庙——乌塔基（utaki，御嶽，由巨石、密林或洞穴天然构成、供集体举行重大仪式的最高圣域。）和乌干久（uganju，拜所，多为村落或山路旁的小型露天香炉或石龛，便于个人随时上香祈愿。）。我们参观了一个乌干久，这是小型的露天寺庙，周围摆放着香火和硬币，毗邻大宜味村的一个瀑布。乌塔基则是一种由石头构成的祈祷场所，据说神灵会在这里聚集。

在冲绳的宗教实践中，女性被视为比男性更具灵性，而在日本其他地区的传统神道教中则恰恰相反。尤塔（yuta）是被社区选中的女性灵媒，她们通过传统仪式与灵界沟通。

祖先崇拜是冲绳乃至日本普遍存在的一种重要宗教实践。每一代的长子家中通常都会设有一个佛坛，也称为小祭坛，用于祈祷及供奉家族的祖先。

### 精魂

传说中，每个人都有一种本质，称为"精魂"。精魂是我们的灵魂和生命力的源泉，永恒不灭，构成了我们的身份。

有时，已故者的精魂会被困在活人的身体里。这种情况需要通过分离仪式来解放逝者的精魂。这通常发生在一个人突然去世时，尤其是年轻人，他们的精魂不愿意进入死者的领域。

精魂还可以通过身体接触在人与人之间传递。

> 例如，祖母将一枚戒指留给孙女，就相当于将自己的一部分精魂传递给了她。此外，照片也可以作为传递精魂的媒介。

### 越老，越强

回想起我们在大宜味村的日子，尽管日程紧凑，却也格外悠闲，正如当地人的生活一样。大宜味的居民似乎总是忙于重要的事务，但细细观察就会发现，他们所做的一切都透着淡定与从容。虽然他们始终在追寻自己的"ikigai"，却从不急于求成。

更令人欣慰的是，在忙碌的生活中，他们也遵循着华盛顿·伯纳普（Washington Burnap）两百年前提出的幸福原则："追求幸福生活的基本要素是：有事可做，有人可爱，未来可期。"[2]

大宜味村的最后一天，我们来到村边上的一个小市场购买礼物。那里出售的主要是当地的蔬菜、绿茶和柑橘汁，还有来自深藏在山原森林中的泉水，瓶子的标签上写着"长寿水"。

我们买了一些长寿水,在停车场喝着,眺望着大海,心中默默祈祷,希望这些承诺能带来健康和长寿的小瓶子,能够帮助我们找到自己的"ikigai"。接着我们与一尊奇吉姆纳雕像合影,我们最后一次走近它,阅读上面的铭文。

### 来自长寿之乡的宣言

80岁时,我依然是个孩子。
当我90岁时来见你,
请让我等到100岁再说。
越老,越强;
随着年龄的增长,我们不应过于依赖子女。
如果你向往长寿与健康,欢迎来到我们的村庄,
在这里,你将享受到大自然的祝福,
我们将一起探索长寿的秘密。

大宜味村老年人社团联合会<br>1993年4月23日

## 采访

在一周的时间里,我们进行了整整 100 次采访,向社区中最年长的成员请教他们的生活哲学、"ikigai"与长寿秘诀。我们用两台摄像机记录了这些对话,计划制作成一部小型纪录片,并精选出一些特别有意义且鼓舞人心的言论展示出来。

### 1. 不要担心

"长寿的秘诀在于不要担心,保持心态年轻——不要让它衰老。对他人敞开心扉,脸上带着微笑。如果你如此做了,你的孙子孙女和其他人都会愿意来看你。"

"避免焦虑的最好方法就是走到街上与人打招呼。我每天都这么做。我走出去说'你好'和'再见',然后回家打理我的菜园。下午,我会和朋友们一起度过美好时光。"

"在这里,大家相处得很融洽。我们尽量不制造麻烦。大家在一起分享快乐才是最重要的。"

### 2. 培养良好习惯

"每天早上,我 6 点醒来,拉开窗帘,看看我自己种的菜园,心中特别高兴。我会跑出去看看我种的番茄和橘子……看到它们让我觉得很放松。在菜园里待个把小时后,我再回屋做早餐。"

"我自己种菜,自己做饭,这就是我的'ikigai'。"

"老年人保持思维敏捷的关键在于手指。要让手指连接大脑,然后再让大脑连接手指。如果你让手指忙个不停,就能活到100岁。"

"我每天定好闹钟,4点起床,然后喝一杯咖啡,做一些简单的运动,抬抬手臂。这样一来,我一整天都精力满满。"

"我每种食物都会吃一点,我认为这就是秘诀。我喜欢让饮食多样一些,这让我觉得胃口更好。"

"工作。如果你不工作,身体就会退化。"

"我醒来后会去佛坛烧香。你得时刻铭记祖先。这是我每天早上的第一件事。"

"我每天都在同一时间早起,早晨喜欢在菜园里忙碌。每周我都会和朋友们一起跳一次舞。"

"我每天都坚持锻炼,早上还会去散步。"

"起床后,我从不忘记做体操。"

"多吃蔬菜有助于延年益寿。"

"想要长寿,关键在于做好三件事:保持锻炼、合理饮食,以及多花时间与他人相处。"

### 3. 每天维护你的友谊

"和朋友们聚会是我最重要的'ikigai'。我们在一起聊天,这非常重要。我总是知道明天会在这里见到他们,这也是我生活中最喜欢的事情之一。"

"与友邻相聚,是我最大的爱好。"

"日日与所爱之人言笑,便是长寿秘方。"

"我会对上学的孩子们说'你好'和'再见',并向路过的每辆车挥手,提醒他们'开车小心'!早上7点20分到8点15分之间,我都会在外面站着,向路过的人打招呼。等大家都离开后,我才回到屋里。"

"和邻居们聊天、喝茶,这是生活中最美好的事情,还能一起唱歌。"

"我每天早上5点起床,出门走向大海。然后我会去朋友家,一起喝茶。这就是长寿的秘诀:与人交往,走出去看看不同的地方。"

### 4. 过一种从容的生活

"我的长寿秘诀就是时常对自己说'慢下来'和'放松'。放慢脚步,寿与心宽同在。"

"我用柳条编织东西,这就是我的'ikigai'。每天早上醒来的第一件事就是做祷告,然后锻炼身体,吃早餐。7点钟,我开始悠然地编织柳条。到下午5点时,我会感到有点累,然后就去拜访朋友。"

"每天做很多不同的事情,让自己一直处于忙碌状态,但每次只专注于一件事,不让自己感到压力过大。一心一事,不慌不乱。"

"长寿的秘诀在于早睡早起;去散步;过一种平静的生活;享受生活中的小确幸;与朋友和睦相处。春夏秋冬……快乐地享受每一个季节。"

### 5. 保持乐观

"每天我都对自己说,今天要保持健康,充满活力,尽情享受生活。"

"我已经98岁了,但我依然觉得自己很年轻。我还有很多事情要做。"

"要笑,笑是最重要的事情。我无论走到哪里都会笑。"

"我会活到100岁,当然会!这对我来说是一种强大的激励。"

"和孙子孙女一起跳舞、唱歌是生活中最美好的事情。"

"我觉得自己非常幸运能出生在这里。每天我都为此心怀感激。"

"在大宜味村的日常生活中,最重要的就是保持微笑。"

"我做志愿者工作,回馈村庄给予我的一切。例如,我会开车送朋友去医院。"

"这里没有什么秘密,诀窍就是好好生活。"

### 大宜味村生活方式的独特之处

- 我们采访的每一位居民都有自己的菜园,大多数人还种植茶叶、柠果和柑橘等作物。
- 每个人都加入了某个社团,感受到如同家人般的关怀。
- 经常举行庆祝活动,即使是一些小事。听音乐、唱歌和跳舞是人们日常生活中不可或缺的部分。
- 这里的人都有一个或多个重要目标——即他们拥有"ikigai",但他们并不会过于严肃地对待它。他们轻松自在,享受生活中的每一个瞬间。
- 对村庄的传统和地方文化感到非常自豪。
- 对自己所做的一切都充满热情,无论看起来多么微不足道。
- 有强烈的"互助互联"意识,深知人与人之间联系的重要。人们互相帮助,从田间工作(如收割甘蔗或种植水稻)到建房子及完成市政项目。我们在村庄的最后一个晚上,朋友宫城与我们共进晚餐时告诉我们,他正在朋友们的帮助下建造一座新房子,并表示下次我们来大宜味村时可以住在那里。
- 这里的人总是很忙碌,但所做的事情让他们感到轻松自在。我们没有看到一个老爷爷坐在长椅上无所事事。他们总是在忙碌,唱卡拉OK、拜访邻居或者打门球。

要判断餐桌上的食物是否足够多样化,其实很简单——确保你在吃"彩虹般色彩斑斓的食物"。例如,餐桌上如果有红椒、胡萝卜、菠菜、花椰菜和茄子,色彩就会十分丰富。

第七章

# ikigai与饮食

世界上最长寿的人群吃什么、喝什么

根据世界卫生组织的数据，日本是全球寿命最长的国家：男性的预期寿命为 85 岁，女性为 87.3 岁。此外，日本的百岁老人比例也位居世界首位，每百万居民中有超过 520 位百岁老人（截至 2016 年 9 月）。

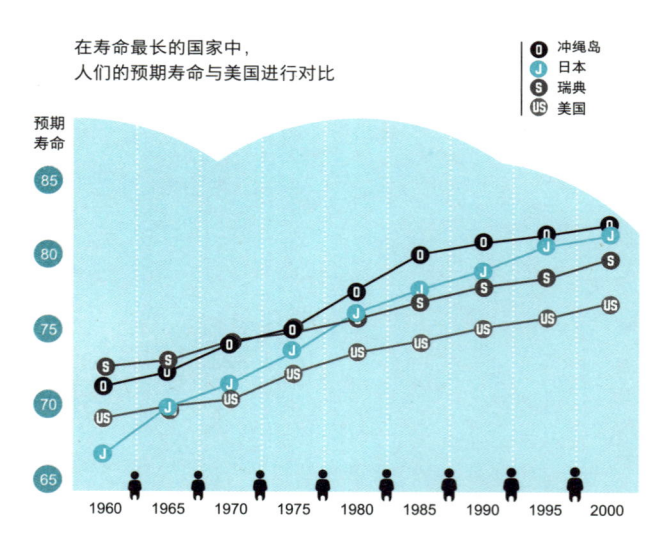

**在寿命最长的国家中，人们的预期寿命与美国进行对比**

- O 冲绳岛
- J 日本
- S 瑞典
- US 美国

来源：世界卫生组织，1966 年；日本厚生劳动省，2004 年；
美国卫生与公众服务部 / 疾病控制与预防中心，2005 年。

上图比较了日本、日本冲绳岛、瑞典和美国的预期寿命。日本整体预期寿命较高，而冲绳岛的预期寿命超过日本平均水平。

冲绳岛是日本在第二次世界大战中受影响最严重的地区之一。由于战争造成的冲突以及战后严重的饥荒和资源短缺，20世纪40年代和50年代，冲绳岛居民的平均预期寿命并不高。然而，随着冲绳岛逐渐从战后的废墟中恢复，冲绳岛上的居民成为日本最长寿的群体。

日本人的长寿秘诀是什么？冲绳岛又有什么独特之处，使此地居民的预期寿命遥遥领先？

专家指出，首先，冲绳县是日本唯一没有通火车的县，居民在不开车时只能选择步行或骑自行车。此外，冲绳岛居民能够遵循日本政府的建议，确保每天盐分摄入低于10克，而这是其他地区居民无法做到的。

## 冲绳岛神奇的饮食习惯

冲绳岛的心血管疾病死亡率在日本最低，这与其饮食习惯密切相关。"冲绳饮食"在全球营养学研讨会上被频繁提及，绝非偶然。

关于冲绳饮食的可靠数据，主要来源于琉球大学心脏病学家铃木诚（Makoto Suzuki）的研究。自1970年以来,他在营养与衰老领域发表了 700 多篇学术文章。

布拉德利·威尔科克斯(Bradley J. Willcox)和 D. 克雷格·威尔科克斯(D. Craig Willcox)加入了铃木诚的研究团队,并出版了一本被视为该领域经典的著作《冲绳计划》(*The Okinawa Program*)。[1] 他们得出了以下结论:

- 当地居民的饮食丰富多样,尤其喜欢蔬菜。多样性似乎是关键。一项对冲绳百岁老人进行的研究显示,他们定期食用 206 种不同的食物,包括香料。他们每天平均摄入 18 种不同的食物,这与我们的快餐文化形成鲜明对比,后者在营养上显得十分贫乏。
- 当地居民每天至少吃五份水果和蔬菜,他们每天会摄入至少七种不同的水果和蔬菜。要判断餐桌上的食物是否足够多样化,其实很简单——确保你在吃"彩虹般色彩斑斓的食物"。例如,餐桌上如果有红椒、胡萝卜、菠菜、花椰菜和茄子,色彩就会十分丰富。蔬菜、土豆、豆类以及豆腐等大豆制品是冲绳人饮食的主要组成部分。超过 30% 的日常热量来自蔬菜。

- 谷物是当地居民饮食的基础。日本人每天吃白米饭，有时还会加点面条。冲绳人岛的主食也是米饭。
- 他们很少吃糖，如果吃的话，通常是甘蔗糖（我们每天早上在前往大宜味村的途中经过几个甘蔗田，甚至在今归仁城喝过一杯甘蔗汁。卖甘蔗汁的摊位旁边有一块牌子，介绍了甘蔗的抗癌功效）。

除了这些基本的饮食原则，冲绳岛居民平均每周吃三次鱼。与日本其他地区不同的是，冲绳居民最常吃的肉类是猪肉，但通常每周只吃一到两次。

通过分析以上这些现象，铃木诚的研究还表明：

- 冲绳岛居民摄入的糖分仅为日本其他地区居民的 1/3，甜食和巧克力在他们的饮食中占的比重非常小。
- 他们的盐摄入量几乎只有日本其他地区的一半，平均每天仅 7 克，而其他地区平均为 12 克。
- 此外，冲绳岛居民的每日热量摄入也较少，平均为1785卡路里，而日本其他地区平均为2068卡路里。实际上，低热量摄入在五个"蓝色地带"的居民中都很常见。

## "八分饱"

这使我们回到了第一章提到的"八分饱"。要做到"八分饱"很容易：当你觉得自己快吃饱了，但还能再吃一点时，就停止进食吧！

要将"八分饱"原则付诸实践，其方法很简单，可以从跳过甜点或减少每餐的食物分量入手。关键在于，在用餐结束时仍然保持一丝饥饿感。

这就是为什么日本的食物分量通常比西方要小得多。食物一般不分为开胃菜、主菜和甜点，而是将所有食物分别盛在小碟子里：一个装米饭，一个装蔬菜，还有一碗味噌汤，外加一些小吃。用许多小碟子来盛放食物，可以更容易控制食量，有助于实现本章开头谈到的多样化饮食。

"八分饱"是一种古老的方式。12世纪的禅宗经典《坐禅用心记》(*Zazen Youjinki*)中就建议食量应为自己想吃的量的 2/3。在东方的所有佛教寺庙中，吃得比自己想吃的少是一种普遍习惯。也许早在九个世纪前，佛教就已经认识到限制热量摄入的好处。

## 那么，吃得少可以长寿吗？

很少有人对此持不同看法。当然，在不至于造成营养不良的情况下，摄入的热量低于身体所需似乎能够延长寿命。保持健康的关键在于，减少热量摄入的同时，选择营养价值高的食物，尤其是"超级食品"（superfood），并避免食用那些只是增加总热量却几乎没有营养价值的食物。

我们所讨论的热量限制是延长寿命最有效的方法之一。如果身体经常摄入足够或过多的热量，就会感到疲惫，逐渐出现衰退现象，单单在消化上就会耗费大量的能量。

热量限制还有一个好处，就是能够降低体内 IGF-1（胰岛素样生长因子）的水平。这是一种在衰老过程中起重要作用的蛋白质。人类和动物衰老的原因之一似乎是血液中这种蛋白质含量过多。[2]

虽然目前尚不确定热量限制是否能延长人类寿命，但越来越多的研究表明，适度的热量限制结合充足的营养，可以有效预防肥胖、Ⅱ型糖尿病、炎症、高血压和心血管疾病，并降低与癌症相关的代谢风险。[3]

一种替代每天遵循"八分饱"原则的方法是每周进行一到两天的禁食。有一种"5∶2饮食法"建议每周选择两天进行严格的热量限制（每日摄入少于500卡路里），而在其他五天则正常进食不限制热量摄入。

热量限制有很多好处，其中之一是帮助清理消化系统，让其得到休息。

## 冲绳饮食中的 15 种天然抗氧化剂

抗氧化剂是减缓细胞氧化过程的分子，能够中和导致细胞损害、加速衰老的自由基。众所周知，绿茶有极强的抗氧化功效，我们将在后文中详细讨论。

以下15种食物富含抗氧化剂，冲绳岛的人几乎每天都会食用，所以被视为他们充满活力的关键所在。

- 豆腐
- 味噌
- 金枪鱼
- 胡萝卜
- 苦瓜
- 昆布（有药用价值和食用价值的海藻）
- 卷心菜
- 海苔
- 洋葱
- 豆芽
- 丝瓜
- 大豆（熟的或生的）
- 红薯
- 辣椒
- 三品茶（或茉莉花茶）

## 三品茶：冲绳岛的代表饮品

冲绳人喝的三品茶——一种绿茶和茉莉花的混合饮品——是他们最常饮用的茶类，远超过其他类型的茶。

在西方，与其最接近的饮品通常是源自中国的茉莉花茶。1988年，冲绳科学技术大学院大学的福岛洋子进行的一项研究表明，三品茶能够降低血液中的胆固醇水平。[4]

在冲绳岛，三品茶的形式多种多样，甚至在自动售货机中也能找到。除了有绿茶的所有抗氧化益处，它还具有茉莉花的功效，包括：

- 降低心脏病发作的风险
- 增强免疫力
- 有助于缓解压力
- 降低胆固醇

冲绳岛居民平均每天饮用三杯三品茶。

在西方可能很难找到完全相同的配方，但我们可以喝茉莉花茶，或者选择高品质的绿茶来代替。

## 绿茶的秘密

几百年来，绿茶一直被认为具有显著的药用价值。相关研究证实了它的诸多好处，也证明了常饮绿茶这种古老植物能延年益寿。

绿茶起源于中国，已经被饮用了几千年。直到几百年前，它才传入世界其他地区。与其他茶叶不同，绿茶是自然风干而成的，不进行发酵，因此即使在干燥和粉碎后，仍能保留其活性成分。绿茶对健康有许多益处，包括：

- 控制胆固醇
- 降低血糖水平
- 改善血液循环
- 增强抗流感能力（维生素C）
- 促进骨骼健康（氟）
- 预防某些细菌感染
- 防止紫外线损伤
- 具有排毒和利尿效果

另一种茶——白茶，因其高浓度的多酚而被认为在抗衰老方面更为有效。事实上，它被认为是世界上抗氧化能力最强的天然产品——1杯白茶的抗氧化效果大约相当于12杯橙汁。

总之，每天饮用绿茶或白茶可以帮助我们减少体内的自由基,从而长久地保持年轻状态。

## 强大的扁实柠檬

扁实柠檬是冲绳地区代表性柑橘类水果,而大宜味村则是日本最大的扁实柠檬产地。

这种水果酸度极高,因此饮用扁实柠檬汁前必须先用水稀释。其味道介于青柠和蜜橘之间,且与这两者有相似之处。

扁实柠檬还含有丰富的川陈皮素,这是一种富含抗氧化剂的类黄酮。

所有柑橘类水果,如葡萄柚、橙子和柠檬,都富含川陈皮素,但冲绳扁实柠檬川陈皮素的含量是普通橙子的四十倍。研究表明,摄入川陈皮素可以预防动脉硬化、癌症、Ⅱ型糖尿病以及肥胖等疾病。

扁实柠檬还含有维生素 C 和 $B_1$、β - 胡萝卜素及矿物质。扁实柠檬被广泛应用于许多传统菜肴中,能为食物增添风味,也可以榨汁饮用。我们在为当地的"爷爷奶奶"庆祝生日派对时,还品尝了扁实柠檬蛋糕。

## 抗氧化食品清单：给西方人的建议

2010 年，英国《每日镜报》（*Daily Mirror*）发布了一份专家推荐的抗衰老食品清单。这些食品在很常见，包括：

- 蔬菜，如西兰花和瑞士甜菜，富含水分、矿物质和纤维素。
- 油性鱼类，如三文鱼、金枪鱼和沙丁鱼，它们的脂肪中富含抗氧化剂。
- 水果，如柑橘类、草莓和杏子，是优质的维生素来源，有助于排除体内毒素。
- 浆果，如蓝莓和枸杞，富含植物化学抗氧化剂。
- 干果，富含维生素和抗氧化剂，为身体提供能量。
- 部分谷物，如燕麦和小麦，能提供能量并含有矿物质。
- 橄榄油具有抗氧化作用，对皮肤有益。
- 适量饮用红酒，有助于抗氧化和扩张血管。

应避免的食品包括精制糖、加工烘焙食品、速食等。遵循这种饮食方式有助于让你感觉更年轻，并延缓衰老过程。

你不必每天花一个小时去健身房或参加马拉松。正如日本的百岁老人所示,只需在日常生活中增加一些运动即可。

Ikigai

第八章

# 温和地运动,延年益寿

东方运动促进健康和长寿

对"蓝色地带"的研究表明,寿命最长的人并不是那些运动强度最大的人,而是那些活动量最大的人。

我们拜访大宜味村时,发现即使年过八九十岁的人依然非常活跃。他们往往不会在家中望着窗外或阅读报纸。大宜味的居民常常步行,和邻居一起唱卡拉OK,早早起床。他们吃完早餐后,甚至在吃早餐之前,就会走到户外去给花园除草。他们并不去健身房或进行剧烈锻炼,但在日常生活中几乎始终在活动。

### 像从椅子上起身一样简单

"连续坐30分钟后,人体新陈代谢率降至基础水平的20%~30%。分解脂肪的关键酶活性会被抑制90%以上,增加动脉粥样硬化的风险,而只需起身活动5分钟,就能重新恢复正常。这些方法简单得令人难以置信。"加文·布拉德利(Gavin Bradley)[1]在2015年接受《华盛顿邮报》(*Washingyon Post*)[2]记者布里吉德·舒尔特(Brigid Schulte)采访时这样说道。布拉德利是这一领域的著名专家,同时也是一个国际组织的负责人,该组织致力于提高公众对久坐危害健康的认识。

如果我们生活在城市中,可能会发现每天都过一种自然健康的生活实在很困难,但我们可以选择一些对身体有益、经过几百年验证的锻炼方式。

促进身心平衡的东方运动在西方越来越受欢迎,而在它们的发源地,这些运动方法早已被用于促进健康。

尽管在日本非常流行,但瑜伽最初起源于印度。它与源自中国的气功和太极拳等运动一样,旨在让人实现身体与心灵的和谐,使人在面对世界时能够充满力量、快乐和宁静。

它们被誉为保持青春的灵药,科学研究也证实了它们的效果。

这些温和的锻炼方式带来了显著的健康益处,尤其适合那些难以保持健康的老年人。

研究证明,太极拳在减轻骨质疏松症,延缓帕金森病进程,改善血液循环,以及增强肌肉的紧致度和弹性方面具有显著效果。同时,它所带来的情感益处同样重要,能够有效抵御压力和抑郁。

你不必每天花一个小时去健身房或参加马拉松。正如日本的百岁老人所示,只需在日常生活中增加一些运动即可。定期进行这些东方运动是个不错的选择。这些运动的另一个优点是,它们都有明确的步骤。正如我们在之前提到的,具备明确规则的运动有助于让人达到心流状态。如果你对这些运动不感兴趣,也可以选择任何你喜欢的、能让你活动起来的锻炼方式。

在接下来的几页中,我们将讨论一些有助于健康和长寿的锻炼方法。但在此之前,让我们先来看看一种独特的日本晨练方式。

## 广播体操

这种早晨的热身操在第二次世界大战之前就已经出现。"广播"这个名字源于当时通过收音机广播传授每个动作的方式,不过现在人们通常是在观看电视节目或网络视频时做这些动作。这些视频会演示具体步骤。

做广播体操的一个主要目的是培养参与者的团队精神。这项运动一般是在团体中进行,通常安排在学校上课前或企业上班前。

统计数据显示,30%的日本人每天早上会花几分钟做广播体操,但在我们采访的大宜味村居民中,几乎人人都参与其中,这是他们的共同之处。即使是我们拜访的护理院居民,他们每天也至少会花5分钟做体操,尽管有些人是在轮椅上进行的。与他们一起参加日常练习后,我们感到整个人一整天都神清气爽,充满活力。

这些团体运动通常是在运动场或大型接待厅内进行,并且一般会使用扩音器。

这项运动往往持续5到10分钟,具体时间取决于你是做所有的动作还是只做部分动作。动作的重点在于动态拉伸和提高关节灵活性。其中一个最具标志性的广播体操动作是将手臂高举过头,然后以圆周的方式放下。这是一种简单易行、灵活多样且强度较低的唤醒身体的动作,旨在锻炼尽可能多的关节。

这看起来简单,但在现代生活中,我们常常整天都没机会把手臂抬到耳朵上方。想想看,我们在使用电脑、手机或者阅读书籍时,手臂都是放在下面的。我们仅有的几次将手举到头顶的机会,通常是从橱柜或衣柜里拿东西,而我们的祖先在采摘树上的果子时,几乎总是将手高高举过头顶。广播体操包含能帮助我们锻炼身体的所有基本动作。

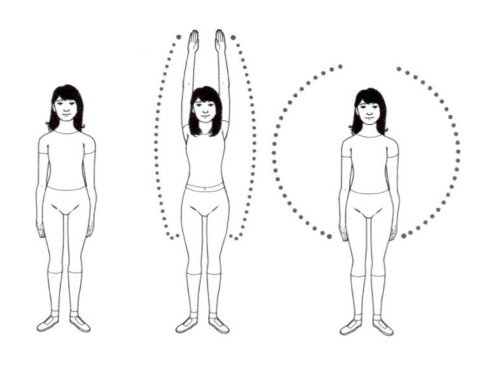

基础版广播体操(5分钟)

# 第八章 温和地运动，延年益寿

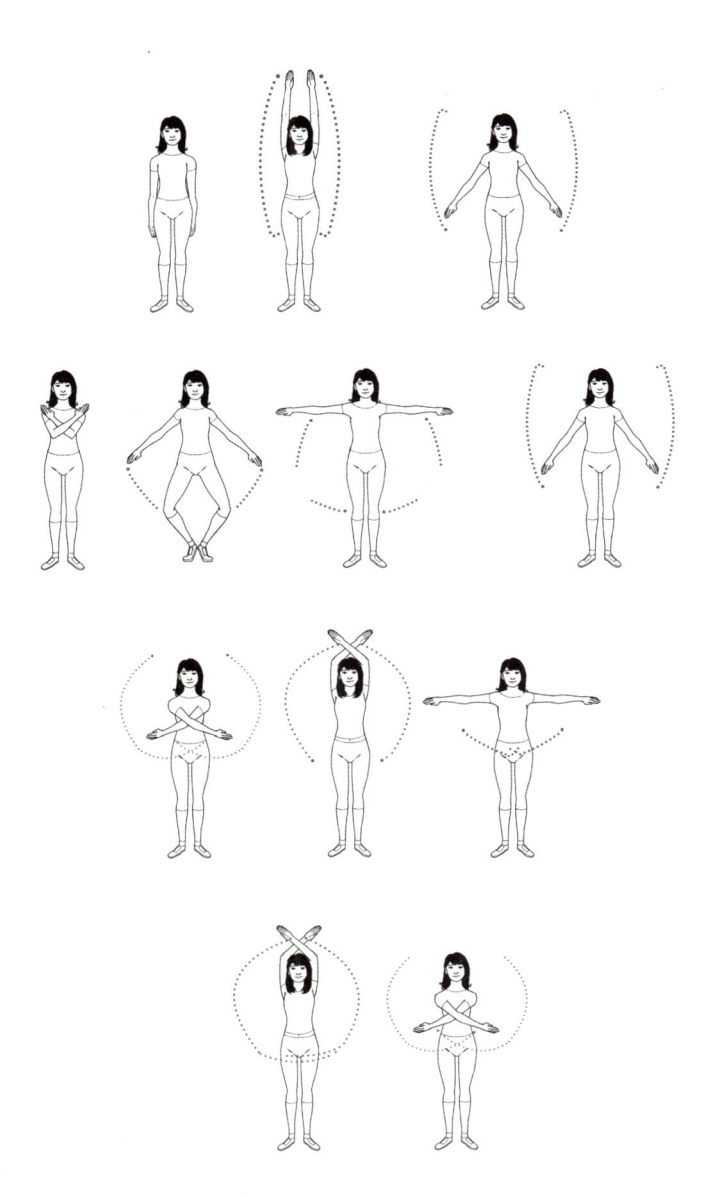

Ikigai 生命元气

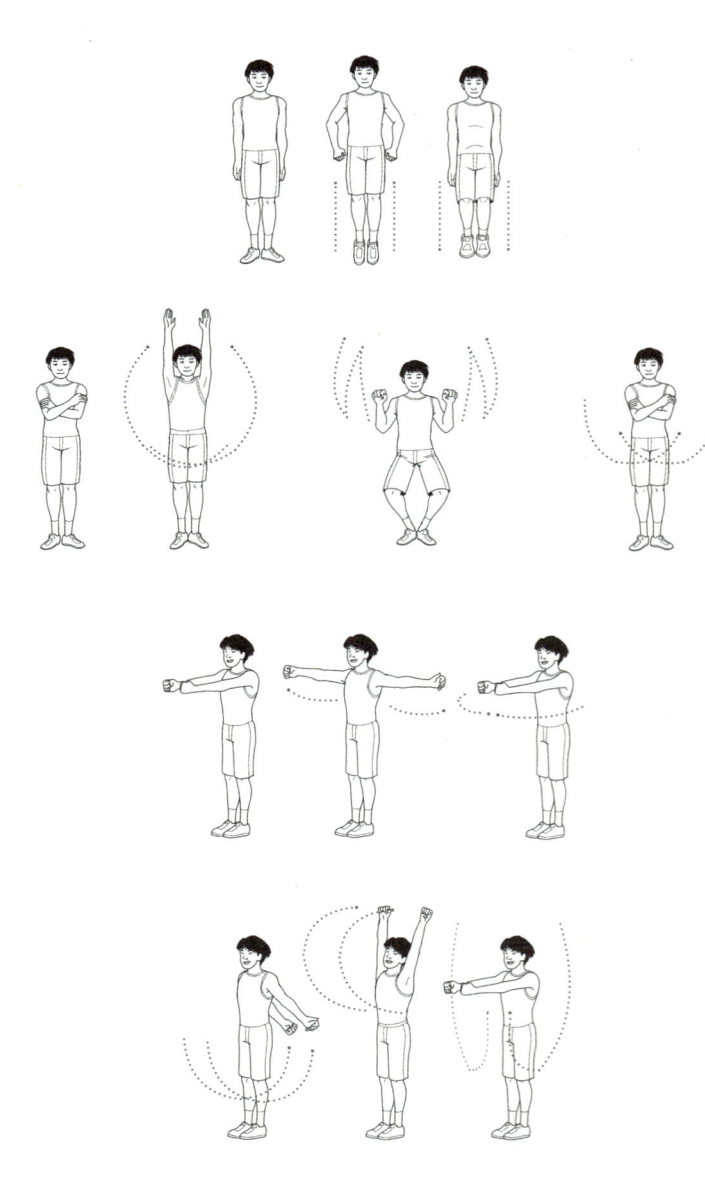

## 瑜伽

瑜伽在日本和西方都非常流行，几乎人人都可以练习。一些瑜伽动作经改编后甚至适合孕妇和残障人士练习。

瑜伽起源于印度，几千年前被创造出来，旨在实现身心合一。瑜伽这个词源自梵文中的"轭"，意指将牲畜和它们拉的车连接在一起的横木。瑜伽旨在以这种方式实现身心合一，倡导人与环境和谐共处。

瑜伽的主要目标是：

- 接近人类的本性。
- 净化身心。
- 接近神性。

### 瑜伽的流派

尽管目标相似，但因传统和经典不同而出现了丰富多彩的瑜伽流派。正如大师所言，不同瑜伽通往最佳自我的道路各不相同。

- 智慧瑜伽：通过学习世界本源智慧，用各种方法洞悉自然本质。

- **行动瑜伽**：专注于行动，履行造福本人与社区的任务和职责。
- **奉爱瑜伽**：注重情感和精神的关系，强调身心灵统一。
- **咒语瑜伽**：专注于梵文咒语的诵念以达到放松状态。
- **昆达里尼瑜伽**：结合多种体势、调息等以达到理想心境。
- **王瑜伽**：又称八分支法瑜伽，由八个步骤组成，整套动作旨在实现与他人和谐统一。
- **哈他瑜伽**：又称传统瑜伽，以体式和姿势舒缓为特点，追求身体的平衡。

## 如何练习拜日式

拜日式是哈他瑜伽中最具代表性的练习之一。按照如下十二个基本动作进行练习即可：

1. 双脚并拢站直，放松肌肉，呼气。

2. 双手合十放在胸前，吸气，同时双臂举过头顶，稍微向后弯曲。
3. 呼气，前屈直到双手触地，保持双膝伸直。
4. 吸气，一条腿向后伸展，脚尖触地。
5. 屏住呼吸，另一条腿也向后伸展，保持双腿和双臂伸直。
6. 呼气，弯曲手臂，胸部贴近地面，然后向前移动，双膝着地。
7. 吸气，伸直手臂，弯曲脊柱向后，保持身体下半部分贴地。
8. 呼气，双手双脚着地，提臀，直到双臂和双腿伸直，身体呈倒 V 字形。
9. 吸气，向后伸展的腿向前迈，使膝盖和脚对齐，位于头部下方和双手之间。
10. 呼气，向前移动后脚，伸直双腿，双手置于地面，恢复到步骤 3 的姿势。
11. 吸气，双臂举过头顶，双手合十，稍微向后弯曲，恢复到步骤 2 的姿势。
12. 呼气，双臂回到山式的初始位置。

现在你已经完成了拜日式瑜伽动作，可以准备迎接美好的一天了。

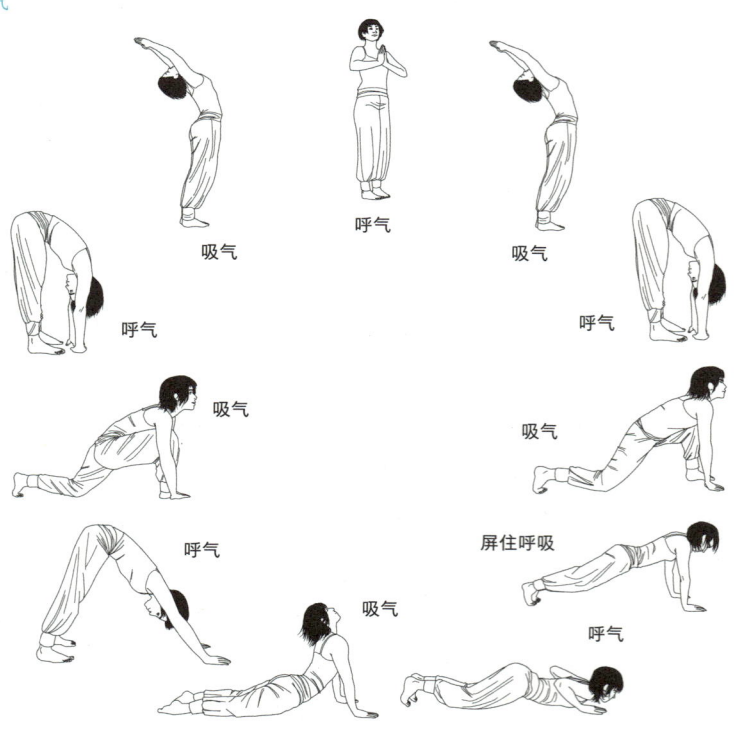

吸气　呼气　吸气

呼气　呼气

吸气　吸气

呼气　屏住呼吸

吸气　呼气

## 太极拳

又称太极,是一种历史悠久的中国武术。太极拳以中国传统儒、道哲学中的太极、阴阳辩证理念为核心思想,集颐养性情、强身健体、技击对抗等于一体。如今,太极拳在日本也非常受欢迎。

太极拳的起源有多种说法,但一般认为是明末清初的陈王庭所创。在 19 世纪,杨露禅及其传人将太极拳传播到了世界各地。

太极拳最初是一种内家拳,也称为内功武术,旨在促进个人成长。它专注于防身,教导练习者以最小的力量击败对手,并依赖灵活性。

太极拳还被视为一种身心疗愈的方法,后来更多地用于促进健康和内心平静。中国政府鼓励公民踊跃练习太极拳,太极拳的推广使其成为一种锻炼方式,逐渐脱离了原有武术背景,成为一种大众健康和福祉的来源。

### 太极拳的流派

太极拳有多个流派,以下是最著名的几种:

- 陈式太极拳：刚柔并济，快慢相兼。
- 杨式太极拳：传播最广，动作和顺、流畅。
- 吴式太极拳：动作小而慢，讲究精确。
- 武式太极拳：动作很轻，身法轻捷，小巧紧凑。

尽管太极拳的流派不同，但目标相同：

1. 以静制动。
2. 以巧胜力。
3. 后发先至。
4. 知己知彼。

## 太极拳的十条基本原则

根据太极拳大师杨澄甫的说法，正确练习太极拳应遵循以下十条基本原则：

1. 头顶虚悬，气贯全身。
2. 含胸拔背，减轻下肢负担。
3. 松腰，让腰部引导身体。
4. 分清虚实，了解重量分布。
5. 沉肩坠肘，手臂自由移动，促进气的流动。

6. 心灵的敏锐比身体的力量更重要。

7. 上下协调，使身体协调一致。

8. 内外合一，心、身、气同步。

9. 相连不断保持动作连贯和谐，一气呵成。

10. 动中求静，身体活跃但心灵平静。

### 云手

太极拳中有一个经典招式叫"云手"，它模仿了云彩的形态。具体步骤如下：

1. 双臂伸直，手掌朝下，放在身体前方。

2. 转动手掌，使其相对，仿佛抱着一截树干。

3. 双臂向两侧展开。

4. 左臂上举并向中间移动，右臂下垂并向中间靠拢。

5. 在身体前方画一个球形。

6. 将左手掌转向脸部。

7. 重心移至左脚，髋部向左转动，眼睛跟随左手移动。

8. 左手放至腰部，右手置于脸前。

9. 重心移至右脚。
10. 向右转动,始终注视抬起的右手。
11. 流畅地重复这个动作,双手重新定位时,重心在两脚间交换。
12. 再次将双臂伸向身体前方,然后慢慢放下,回到初始位置。

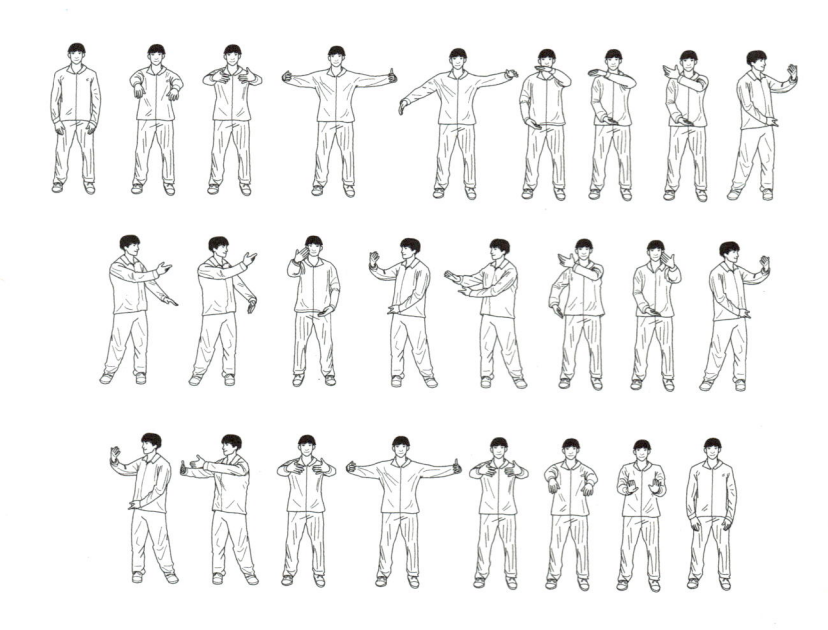

# 气功

气功,其名称结合了"气"(生命力或能量)和"功"(功夫或修炼),表明它与个人的生命力息息相关。尽管名称相对现代,但是以中国的经络、穴位、气血方法为理论基础的。

20 世纪初,气功开始出现在武术和训练报告中,20 世纪 30 年代应用于医院。

气功包括静态和动态的身体练习,通过站立、坐姿或躺姿来调节呼吸与身心状态。气功有许多不同的流派,但所有流派都旨在增强和再生"气"。尽管动作通常温和,但在其过程中,强度却非常高。

### 练习气功的好处

许多国际科学研究显示,气功具有显著保健效果。旧金山气功研究所的肯尼斯·M. 桑西尔(Kenneth M. Sancier)博士在其文章《气功的医学应用》[3](*Medical Applications of Qigong*)中指出,科学研究证明,气功具有如下好处:

- 增强免疫功能。
- 改善性激素平衡。
- 降低心脏病发作的死亡率。
- 降低高血压患者的血压。
- 增加骨密度。
- 改善血液循环。
- 减缓阿尔茨海默病症状。
- 增强身体功能的平衡和效率。
- 增加大脑血流量,增强身心连接。
- 改善心脏功能。
- 减少癌症治疗的副作用。
- 有助于保持体形,还能延年益寿。

### 正确练习气功的方法

我们应牢记,生命能量在全身流动。我们需要调节身体各个部分:

1. 调身:通过正确的姿势,使身体稳固地扎根于地面。
2. 调息:使呼吸平稳、安定、和平。

3. 调心：这部分最为复杂，需清除杂念。
4. 调气：通过调身、调息和调心，使生命能量自然流动。
5. 调神：调节元气。杨俊敏在《太极气功精髓》[4]（*The Essence of Taiji Qigong*）一书中指出，精神既是战斗的力量源泉，也是根本所在。

通过练习气功，身体各个部分都将准备好为实现共同目标而协同运作。

### 气功中的五行

气功中有一套著名的练习动作，象征着土、水、木、金、火五种元素。这套动作通过平衡五种能量流，改善大脑和器官的功能。

这套动作有多种练习方法。我们采用的是巴塞罗那气功学院玛丽亚·伊莎贝尔·加西亚·蒙雷亚尔教授的练习模式。

## 土

1. 双腿分开站立，双脚与肩同宽。
2. 稍微向外转动双脚，以增强姿势的稳定性。
3. 保持肩膀放松，双臂自然下垂，稍微离开身体两侧（这就是无极姿势，或称扎根姿势）。
4. 吸气时，抬起手臂至肩膀高度，手掌朝下。
5. 呼气时，弯曲膝盖，同时将手臂放低至腹部高度，手掌相对。
6. 保持这个姿势几秒，专注于呼吸。

水

1. 从土势开始,弯曲膝盖下蹲,保持胸部挺直,同时呼气。
2. 向下压尾骨,伸展腰椎。
3. 吸气时站起,回到土势。
4. 重复上述动作两次。

**木**

1. 从土势开始,掌心朝上,吸气时将手臂向两侧打开画圈,直到双手与锁骨平齐。转动双手,使掌心和肘部朝下,同时保持肩膀放松。
2. 呼气时反向运动,双臂向下画圈,直到回到初始位置。
3. 重复上述动作两次。

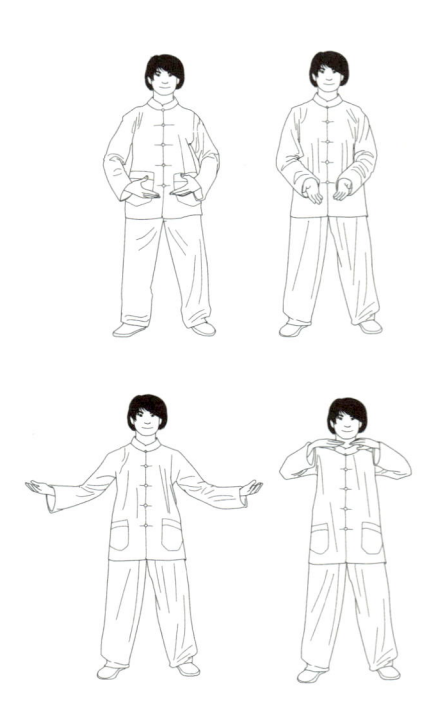

金

1. 从土势开始，抬起双臂，直到双手与胸骨平齐。
2. 双手掌心相对，间隔约10厘米，手指放松微微分开，指向上方。
3. 吸气时，双手向两侧展开，直到与肩同宽。
4. 呼气时，双手向中间靠拢，回到步骤2的位置。
5. 重复上述动作两次，双手靠拢至胸前时注意集中能量。

火

1. 从土势开始,吸气时将双手抬至心脏位置,一只手略高于另一只手,手掌相对。
2. 旋转双手,感受心脏的能量流动。
3. 腰部轻轻向左转动,保持上身放松,前臂与地面平行。
4. 两掌相对,分开双手,一只手抬至肩部高度,另一只手放在腹部前方。
5. 腰部轻轻向右转动,保持上身放松,前臂与地面平行。
6. 呼气时,双手回到心脏前方。
7. 两掌相对,双手分开,一只手抬至肩部高度,另一只手放在腹部前方。

### 完成整套动作

1. 从土势开始，吸气时双手抬至肩高，手掌朝下。
2. 呼气时，双臂放下至身体两侧，回到无极姿势。

# 指压疗法

指压疗法在中国流传的历史很悠久，晋代葛洪在《肘后备急方》中就有记载。指压疗法通过拇指和手掌施加压力，可以调节能量流动，结合伸展和呼吸练习，旨在平衡体内各种元素。

道引①者，不在名者、似者、刻者，以技之精、行之巧为主。无论是伸、缩，弯、起，行、躺，休、立，走、慢，呼、吸，皆可为道引。

——葛洪[5]

## 呼吸顺畅，益寿延年

《修真十书》是道教丹经汇编而成的养生著作，被称为养生界的"百科全书"。这部著作汇集了不同出处的材料，旨在修养身心。

书中引用了许多名人名言，如6—7世纪著名的中国医生、散文家孙思邈。孙思邈提倡一种名为"六字诀"的技术，这种方法通过发出六种声音协调动作、呼吸和发音，使我们的心灵保持平静。

这六种声音分别是：

"嘘"通肝脏，深叹气"shh"；

---

① 旨在促进身心健康的中国古代传统养生方法。

"呵"通心脏，打哈欠"her"；
"呬"通肺脏，慢呼气"si"；
"吹"通肾脏，吹气时"chui"；
"呼"通脾脏，呼气时"hu"；
"嘻"通三焦，微笑时"xi"。

下面是孙思邈的一首养生诗，描述了如何根据季节调整呼吸，以维持健康生活，建议呼吸时想象与疗愈声音相关的器官。

春嘘明目本扶肝，夏至呵心火自闲。
秋呬定收金肺润，冬吹肾水得平安。
三焦嘻却除烦热，四季常呼脾化餐。
切忌出声闻口耳，其功尤胜保身丹。

本章介绍的各种东方传统可能会令你感到困惑。关键在于，这些传统都将身体锻炼与呼吸意识结合在一起。运动和呼吸帮助我们协调意识与身体，而不是让日常烦恼扰乱思绪。很多时候，我们对呼吸缺乏应有的关注。

我们可以将挫折视为不幸,也可以将其视为经验,将这种经验应用于生活的点点滴滴,不断调整目标并设定更大的目标。

Ikigai

## 第九章

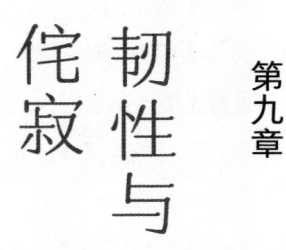

# 韧性与侘寂

如何应对生活中的挑战，避免因压力和焦虑而衰老

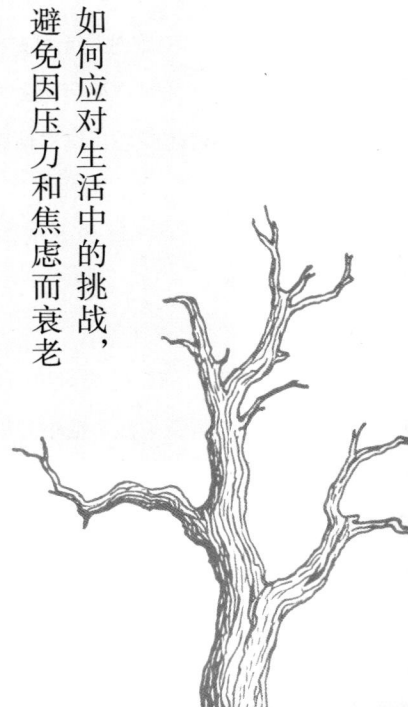

## 什么是韧性?

拥有明确"ikigai"的人都有一个共同点,那就是无论遇到什么困难,他们都坚持追求自己的热爱。即使在面临重重逆境或阻碍时,他们也从不轻言放弃。

我们谈论的韧性是一个重要的心理学概念。

然而,韧性不仅仅是坚持不懈的能力。本章会揭示,韧性还是一种能够培养的心态,使我们专注于生活中的要事而非急事,使我们免受负面情绪干扰。本章的结尾将探讨一些技术,这些技术能增强韧性,培养反脆弱性。

困难总是无可避免的,而我们应对挑战的方式会对生活质量产生巨大影响。应对生活中的挑战要求我们适当修炼身心,培养情感韧性。

> 七次跌倒,八次站起。
> ——日本谚语

韧性是应对挫折的能力。越有韧性,越容易振作,并重新关注生活中充满意义的事。

拥有韧性的人懂得专注于目标和重要事务，不轻易被挫折打败。灵活应变赐予他们无尽的力量，能够适应变化，从而时来运转。他们关注能掌控的事情，而不为无法掌控的事物烦恼。

著名神学家莱因霍尔德·尼布尔（Reinhold Niebuhr）在其《宁静的祈祷》（Serenity Prayer）中写道：

> 愿上帝，赐予我宁静去接受那些我不能改变的事情，
> 赐予我勇气去改变那些我能够改变的事情，
> 并赐予我智慧去分辨两者的不同。

## 佛教和斯多亚学派增强情绪韧性

佛陀悉达多·乔达摩（Siddhārtha Gautama）出生于古印度北部的迦毗罗卫国（今尼泊尔境内），是一位王子。他自幼生活在宫殿中，享受着奢华的生活。16岁时，他结婚了，后来育有一子。

然而，家族财富无法满足他的内心需求。29岁时，

他决定尝试过一种截然不同的生活，于是离开宫殿，当上了苦行僧。然而，苦行并未带给他所追求的幸福与安宁。无论是荣华富贵还是极端苦行都无法充实他的内心。他意识到，智者不应忽视生活中的乐趣，智者可以享受这些乐趣，但要始终保持警觉，意识到被生活中的乐趣所累的危险。

古希腊哲学家芝诺（Zeno）最初跟随犬儒学派（Cynics）学习。犬儒学派的成员过着禁欲的生活，抛弃一切世俗的享乐。他们居无定所，唯一的财产就是身上的衣物。

然而，芝诺发现犬儒主义并未带给他内心的宁静，于是他放弃了这种教义，创立了斯多亚学派（Stoicism）。斯多亚学派的核心思想是，享受生活的乐趣并无不妥，只要这些乐趣不会主宰你的生活。你必须做好准备，随时接受这些乐趣的消逝。

斯多亚派的目标不是像犬儒主义那样消除生活中的所有感受和乐趣，而是要消除负面情绪。

佛教和斯多亚学派自创立以来都旨在控制享乐、调节情感、克制欲望。尽管这两种哲学截然不同，但它们都意在抑制自我，控制负面情绪。

斯多亚学派和佛教本质上都是修习幸福的方法。

斯多亚学派认为，快乐和欲望本身并无问题，只要不任其主宰，就可以尽情享受。在他们看来，能够掌控情绪是一种美德。

## 最坏的情况是什么？

好不容易得到了梦寐以求的工作，立马跳槽；好不容易中了彩票添置了好车，又觉得少了一艘游艇；好不容易俘获佳人芳心，转头就心猿意马，移情别恋。

人的欲望没有节制。

斯多亚学派认为，这类欲望和抱负并不值得追求。品德高尚的人追求宁静的状态，即"不动心"（apatheia），意味着消除焦虑、恐惧、羞愧、虚荣和愤怒等负面情绪，拥有幸福、爱、宁静和感恩等正面情绪。

为了保持心灵的美德，斯多亚学派进行类似于"消极想象"的练习，即设想可能发生的最坏情况，为失去某些特权和享乐做好准备。

进行消极想象时，我们需要反思不好的事，但无需为此感到忧虑。

哲学家塞涅卡（Seneca）是古罗马最富有的人之一，虽然生活奢华，却积极践行斯多亚主义。他建议每晚入睡前进行消极想象。实际上，他不仅在脑海中构思这些负面情境，还亲身体验过。例如，他曾经尝试一周不依赖仆人，也不享用富人习以为常的美食和饮品。消极想象使他能够从容应对"最糟糕的情况是什么？"这个问题。

## 冥想调节情绪

斯多亚学派的一个核心是"消极想象"并识别和接受负面情绪，另一个核心是明辨能够控制与不能控制的事物，这一点在《宁静的祈祷》中也有所体现。

担忧那些无法控制的事情毫无意义。我们应明白哪些事情是能够控制的，哪些事情是不受控制的，这样就能避免陷入负面情绪。

斯多亚学派哲学家爱比克泰德认为："扰乱人们的不是客观事物，而是人们对此做出的反应。"[1]

禅宗的冥想法可以帮助我们觉察自身欲望和情绪，从而获得内心自由。冥想不仅能保持心无杂念，还能察觉内在思绪和情愫，不为其所累。通过这种方式训练自己的心灵，就能不被愤怒、嫉妒或怨恨所左右。

佛教中有一句调节负面情绪的常用咒语，"唵嘛呢叭咪吽"。其中，"唵"象征着净化自我的慷慨，"嘛"象征着净化嫉妒的道德，"呢"象征着净化激情和欲望的耐心，"叭"象征着净化偏见的精准，"咪"象征着净化贪婪的放下，而"吽"则象征着净化仇恨的智慧。

## 活在当下，世事无常

培养韧性的另一个关键在于选择生活的时间维度。佛教和斯多亚学派都提醒我们，唯有当下才是真实存在的，也是唯一能够掌控的。与其为过去或未来担忧，不如悦纳此刻，活在当下。

佛教僧侣一行禅师认为："你能够真正活着的唯一时刻，就是此时此刻。"

斯多亚学派不仅主张活在当下，还告诫人们世事无常。

古罗马皇帝马可·奥勒留（Marcus Aurelius）曾说："所爱如树叶，随时风中落。"他还认为周围世界的变化并非偶然,而是宇宙本质的一部分,这实际上与佛教的观念颇为相似。

我们应时刻牢记,我们拥有的一切和所爱的人终将消逝。我们应牢记这一点,但不必对此感到悲观。我们不必为世事无常感到悲伤,而应热爱当下,珍惜眼前人。

塞涅卡认为:"人的一切都是短暂易逝的。"[2]

世间的转瞬即逝和瞬息万变是佛教修行的要义。牢记这一点,我们便不会为失去而悲痛欲绝。

## "侘寂"与"一期一会"

"侘寂"是日本的一个理念,揭示了美丽瞬息万变,遗憾才是世间常态。与其寻找无瑕的美,不如在有瑕疵的、不完整的事物中发现美。

因此,日本人非常珍视不规则或有裂纹的茶杯。唯有残缺和短暂的事物才具有真正的美,因为它们更贴近自然。

日本另一个理念"一期一会"与之相映成趣,可译为"当下仅此一次,永不重现"。这一理念常出现在社交聚会中,提醒我们每次与朋友、家人或陌生人的相遇都是独一无二、永不再来的。因此,我们应当活在当下,不念过往,不畏将来。

"一期一会"理念常用于日本茶道、禅修和武道这些强调活在当下的活动。

西方人习惯了欧洲石头那种建筑和大教堂的永恒存在,这常常让我们产生一种恒久不变的错觉,使我们忘记了时间的流逝。古希腊和古罗马的建筑崇尚对称、线条分明、外观宏伟,神祇雕像和建筑历经数个世纪屹立不倒。

日式建筑不强调宏伟、完美,而追求"侘寂"精神。木材建屋这一传统预示日式建筑短暂无常,子孙后代必将重建房屋。日本文化认为人类及其创造终将转瞬即逝。

例如,伊势神宫[3]每二十年重建一次,这一传统已延续数个世纪。最重要的不是代代相传的建筑,而是保留能够经受时间考验的习俗和传统,这比人造的房屋建筑更经久不衰。

关键在于接受无法控制的事情,比如时光流转和世事变迁。

"一期一会"教我们专注当下，享受生命中的每个瞬间。正因如此，我们必须找到生命的意义并为之奋斗。

"侘寂"则教我们把残缺的美视为成长契机。

### 超越韧性：反脆弱

传说赫拉克勒斯（Hercules）（古希腊大力神）初次见到九头蛇时绝望不已，他发现每砍掉九头蛇一个头，它就会长出两个新的头来。倘若九头蛇每次受伤后反而更加强大，他永远也无法将其杀死。

正如纳西姆·尼古拉斯·塔勒布（Nassim Nicholas Taleb）在《反脆弱》（*Antifragile: Things That Gain from Disorder*）[4]中写的，我们用"脆弱"来形容那些受伤后变得更弱的人、事物和组织，用"坚韧"和"有韧性"来形容那些能够承受伤害而不变弱的事物，却没有一个词来形容那些在受伤后反而变得更强大的事物（当然，这种强大是有一定限度的）。

为了描述勒尔纳九头蛇拥有的力量，并讨论受伤后反而变强的事物，塔勒布提出了"反脆弱"这一术语：

"反脆弱超越了韧性或坚固性。韧性是抵御冲击并保持不变,反脆弱则是在冲击中变得更强。"

为了理解反脆弱,让我们以灾难和突发事件为例。2011年,一场海啸袭击了日本东北地区,对沿海数十个城市和城镇造成了巨大破坏,其中最广为人知的就是福岛。

两年后,我们再次造访受灾海岸。一路上,我们行驶的高速公路满是裂缝,接连经过的加油站空无一人。穿过几座"鬼城",城镇街道上满是房屋残骸、堆积的汽车和废弃的火车站,仿佛被遗忘的脆弱之地,无法自行恢复。

相比之下,石卷和气仙沼等地虽然也遭受了严重破坏,但在众人努力下,仅用几年时间便完成了重建,因其顽强生命力,在灾后迅速恢复了常态。

受到海啸影响,福岛发生了地震。东京电力公司的工程师对地震灾害措手不及。福岛核设施至今仍处于紧急状态,这种状态或将持续数十年。日本在这场史无前例的灾难面前脆弱不堪。

地震发生几分钟后,日本的金融市场关闭。哪些日本企业的灾后表现最好呢?自2011年以来,大型建筑公司的股票一直稳涨不跌，需要重建整个东北海岸给建筑行业带来了巨大利好。当时，日本建筑公司在地震灾害中挣得盆满钵满，体现了"反脆弱"。

现在让我们来看看如何将"反脆弱"运用到日常生活中吧。如何才能做到"反脆弱"呢？

### 第一步：身兼数职

不要仅仅依赖一份工资收入，可以尝试从你的爱好、兼职或创业中寻找赚钱的机会。倘若你只有一份工资收入，一旦雇主遇到困难，你可能会一无所有，变得脆弱。

相反，如果你有多种收入来源，即使失去主业，你也可以投入更多时间到副业上，甚至可能赚得更多。这样一来，你就能战胜厄运，变得更加坚韧。

我们在冲绳县大宜味村采访的所有老人都有主业和副业。其中，大多数人将种菜作为副业，并在当地市场出售自己种的农产品。

这个道理对友谊和爱好同样适用。俗话说，别把鸡蛋放在同一个篮子里。

有些人恋爱时会把全部精力都放到伴侣身上，把对方当作自己的全世界。如果这段恋爱关系没有修成正果，他们会一无所有。然而，如果恋爱时他们友谊牢固，生活丰富，就能更好走出失恋阴影，变得更具韧性。

你可能在想："我不需要多份收入，对老朋友也很满意，何必发展新的副业和友谊呢？"我们常认为，改变目前的生活是在浪费时间，因为通常不会发生意外。我们习惯了舒适区。然而，天有不测风云，这是早晚的事。

### 第二步：兼顾保守和小额风险投资

金融领域的经验非常有助于解释这一理念。假如你有10000美元的储蓄，可以将其中的9000美元投入指数基金或定期存款，剩下的1000美元用于分散投资到十家具有巨大增长潜力的初创公司，也就是说，每家公司各投资100美元。

可能出现的情况是：三家公司倒闭，你损失了300美元；另外三家公司的价值下跌，你再损失100到200美元；还有三家公司的价值上涨，你赚了100到200美元；而其中一家初创公司的价值增长了20倍，你赚了将近2000美元,甚至更多。

即使有三家企业彻底倒闭,你仍然可以盈利,你也能因祸得福并大赚一笔。

反脆弱性的关键在于小风险可能带来大回报,规避身陷囹圄的风险,比如在报纸上看到广告后便向一个声誉存疑的基金投资10000美元。

### 第三步:摆脱削弱你的事物

在此过程中我们要采取逆向思维。问问自己:哪些因素让我们变得脆弱?哪些人、事物和习惯会造成损失,削弱我们?

制订新年计划时,我们倾向于给生活设置新的挑战。目标固然不错,但设定"摆脱"目标的影响可能更大。例如:

1. 两餐之间不吃零食。
2. 每周只吃一次甜品。
3. 逐步还清所有债务。
4. 远离消极有害的人。
5. 避免因为责任感去做自己不喜欢的事情。
6. 每天使用社交网站的时间不超过20分钟。

在生活中培养韧性要求我们无惧逆境，每次挫折都能帮助我们成长。如果我们采取反脆弱性的态度，就能在一次次打击中逐渐变强，不断优化生活方式，专注于"ikigai"。

我们可以将挫折视为不幸，也可以将其视为经验，将这种经验应用于生活的点点滴滴，不断调整目标并设定更大的目标。正如塔勒布在《反脆弱》中所言："我们需要随机性、混乱、冒险、不确定性、自我发现，以及那些让生活更有意义的创伤经历。"建议喜欢该理念的读者阅读《反脆弱》。

侘寂哲学教导人们，人生本不完美，若心有热爱，分秒皆恒久。

# 尾声
## *Epilogue*

## ikigai：生活的艺术

相田光男（Mitsuo Aida）是20世纪最杰出的书法家和俳句诗人，他毕生致力于追求特定"ikigai"，用书道的笔触和十七音节的俳句传达情感。

相田光男的许多俳句都探讨了当下的重要性和时间的流逝。例如他在一首诗中所写："此刻此地，你的生命即我的全宇宙。"

いまここにしかないわたし
のいのちあなたのいのち

在另一首诗中，相田简洁地写道："此时，此地。"这是一件旨在唤起"物哀"之情的艺术作品，传达了对短暂事物的感伤欣赏。

いまここ

另一句诗揭示了将"ikigai"带入生活的一个秘诀："幸福的刻度，由心来定。"

しあわせはいつも自分の心がきめる

我想和大家分享的最后一句诗，同样出自相田之手："步履向前，初心勿改。"

そのままでいいがな

一旦你发现了自己的"ikigai"，日日追寻呵护"ikigai"，你的生活会变得充满意义。当你确定了"ikigai"后，幸福的暖流将包裹着你，让你宛若在画布上舞文弄墨的书法家，或是工作半生热情不减制作寿司的厨师。

## 结语

"ikigai"因人而异,但人人都应追寻"ikigai"。当我们每天都能感受到与心中珍视的事物建立紧密联系时,生活会更加充实;一旦失去这种联系,便会感到绝望。

现代生活让人愈发远离本真,生活容易因此失去意义。金钱、权力、关注以及对成功的执着等强大的力量和诱惑每天让人无法全神贯注,不要任其主宰了你的生活。

直觉与好奇,是内在的双星罗盘。帮助我们与"ikigai"紧密相连。追随那些让你感到愉悦的事物,远离或改变你讨厌的事物。听从好奇心的指引,投身于那些让你的生命充满意义和让你快乐的事情,可以是日常小事,如扮演好父母或好邻居的角色。

与"ikigai"相联结,没有万全之策。冲绳岛的居民教导我们,不必为此过于焦虑。

人生不是待解的难题。只需记住,要有一些事情让你专注于你的爱好,同时被爱包围。

## "ikigai"的十条法则

我们从冲绳县大宜味村长寿居民的智慧中提炼出十条法则来结束这场阅读之旅:

1. 保持活跃,不要"退休"。那些放弃自己的热爱和专长的人会丧失生命的意义。因此,即使退休后,务必继续创造价值,不断进取,为他人带来美的感受或实在好处,伸出援手并影响周围的世界。

2. 慢慢来。节奏匆忙会降低生活质量。俗话说:"行稳致远。"当我们不再行色匆匆,生活和时间便有了新的意义。

3. 不要吃得太饱。长寿饮食,少即多。"八分饱"原则要求我们不能吃撑,而应适当保持饥饿感。

4. 与良友为伴。朋友是最好的良药,可以倾诉烦恼、分享趣事、提供建议、一起玩乐、共同做梦……换言之,友谊让生活更精彩。

5. 为迎接下一个生日保持好身体。流水之所以清新,是因为它不断地流动;一旦停滞,便会滋生腐败。我们的身体同样需要每天适度的运动,才能长久健康地运转。此外,运动还能释放让我们感到快乐的激素。

6. 常怀微笑。乐观的态度不仅能让我们放松,还有助于结交朋友。虽然我们需要认清生活中不那么美好的事情,但请牢记,何其有幸,当下的世界充满无限可能。

7. 亲近自然。尽管如今大多数人生活在城市中,但人类原本就是自然界的一部分。我们应该经常回归自然,为自己充电。

8. 心怀感恩。感谢祖先,感谢赐予你空气和食物的大自然,感谢朋友和家人,感谢给你的生活带来美好的一切。常怀感恩,你将收获更多幸福。

9. 活在当下。不念过往,不畏将来。唯一能把握的只有今天,珍惜当下,活得出彩。

10. 追寻"ikigai"。心底的激情和独到的禀赋让你的生活充满意义,驱使你做最好的自己,直至生命尽头。维克多·弗兰克尔说过,如果你尚未找到生命的意义,那么你的使命就是去发现它。

本书作者愿你拥有长久、幸福且有意义的人生。感谢你阅读本书。

埃克托尔·加西亚<br>弗兰塞斯克·米拉莱斯

# 注释

### 第一章 ikigai

1. Dan Buettner. *The Blue Zones: Lessons for Living Longer from the People Who've Lived the Longest*. People in all Blue Zones (except Adventists) drink alcohol moderately and regularly. Moderate drinkers outlive nondrinkers. The trick is to drink 1–2 glasses per day (preferably Sardinian Cannonau wine), with friends and/or with food. And no, you can't save up all week and have 14 drinks on Saturday. Retrieved via https: //www. bluezones. com/2016/11/power-9/#sthash. 4LTc0NED. dpuf.

### 第二章 延缓衰老的秘密

1. Eduard Punset. Interview with Shlomo Breznitz for Redes, RTVE(Radio Televisión Española). Retrieved via http: //www. rtve. es/television/20101024// pon-forma-tu-cerebro/364676. shtml.
2. Howard S. Friedman and Leslie R. Martin. *The Longevity Project: Surprising Discoveries for Health and Long Life from the Landmark Eight-Decade Study*. Retrieved via http: //www. penguin randomhouse. com/books/307681/the-longevity-project-by howard-s-friedman/9780452297708/.

### 第三章 从意义疗法到 ikigai

1. Viktor E. Frankl, Richard Winston (translator), and Clara Winston. *The Doctor and the Soul: From Psychotherapy to Logotherapy*. Vintage, 1986.
2. Viktor E. Frankl. *Man's Search for Ultimate Meaning*. Basic Books, 2000.
3. 同上
4. Viktor E. Frankl. *The Will to Meaning: Foundations and Applica tions of Logotherapy*. Meridian/Plume, 1988.

5　Shoma Morita. *Morita Therapy and the True Nature of Anxiety-Based Disorders*. State University of New York Press, 1998.
6　Thich Nhat Hanh. *The Miracle of Mindfulness: An Introduction to the Practice of Meditation*. Beacon Press, 1996.
7　Shoma Morita. *Morita Therapy*.

## 第四章　在一切事物中发现心流

1　Owen Schaffer." Crafting Fun User Experiences: A Method to Facilitate Flow—A Conversation with Owen Schaffer. " Retrieved via human factors. com/whitepapers/crafting_fun_ux. asp.
2　Ernest Hemingway. *On Writing*. Scribner, 1984.
3　Bertrand Russell. Unpopular Essays. Routledge, 2009.
4　Albert Einstein. *The Collected Papers of Albert Einstein, vol.* 1. Princeton University Press, 1987.
5　Eyal Ophir, Clifford Nass, and Anthony D. Wagner, " Cognitive Control in Media Multitaskers. " Retrieved via www. pnas. org/content/106/37/15583.full.
6　Sara Thomée, Annika Härenstam, and Mats Hagberg, " Mobile Phone Use and Stress, Sleep Disturbances, and Symptoms of Depression Among Young Adults—A Prospective Cohort Study. " Retrieved via https: //www. ncbi. nlm. nih. gov/pmc/articles/PMC3042390/.
7　Nobuyuki Hayashi. *I dainaru Kurieteabu Derekuta No Kiseki*. [Steve Jobs: The Greatest Creative Director]ASCII Media Works, 2007. It has not been translated into English.
8　Richard P. Feynman. " *What Do You Care What Other People Think?* " : Further *Adventures of a Curious Character*. W. W. Norton, 2001.

## 第五章　长寿大师

1　Emma Innes, " The secret to a long life? Sushi and sleep, according to the world's oldest woman, " *Daily Mail*. Retrieved via http: //www. dailymail. co. uk/health/article-2572316/The-secret-long-life-Sushi-sleep-according-worlds-oldest-woman. html.
2　" Muere a los 116 la mujer mas longeva según el Libro Guinness de los Récords, " *El País*. Retrieved via http: //elpais. com/elpais/2006/08/28/actualidad/1156747730_850215. html.

3  *Supercentenarians*. Editors: H. Gampe, B. Jeune, J. W. Vaupel, J. M. Robine. Springer-Verlag, 2010.
4  David Batty, "World's oldest man dies at 114," *The Guardian*. Retrieved via https://www.theguardian.com/world/2011/apr/15/world-oldest-man-dies-at-114.
5  Ralph Blumenthal, "World's Oldest Man, Though Only Briefly, Dies at 111 in New York," *New York Times*. Retrieved via https://www.nytimes.com/2014/06/09/nyregion/worlds-oldest-man-though-only-briefly-dies-at-111-in-new-york.html?.
6  Henry D. Smith. *Hokusai: One Hundred Views of Mt. Fuji*. George Braziller, Inc., 1988.
7  "Old Masters at the Top of Their Game," *New York Times Magazine*. Retrieved via http://www.nytimes.com/interactive/2014/10/23/magazine/old-masters-at-top-of-their-game.html?_r=0.
8  同上
9  Toshio Ban. *The Osamu Tezuka Story: A Life in Manga and Anime*. Stone Bridge Press, 2016.
10 Rosamund C. Barnett and Caryl Rivers. *The Age of Longevity: Re-Imagining Tomorrow for Our New Long Lives*. Rowman&Littlefield Publishers, 2016.
11 "Old Masters at the Top of Their Game," *New York Times Magazine*.
12 同上
13 同上
14 同上
15 同上

## 第六章 日本百岁老人的智慧

1  Strictly speaking, Shinto means "the way of the kami." In Japanese, *kami* refers to spirits or phenomena that coexist with us in nature.
2  Washington Burnap. *The Sphere and Duties of Woman: A Course of Lectures* (1848). Retrieved via https://archive-org/details/spheredutiesofwo00burn.

## 第七章 ikigai 与饮食

1  Bradley J. Willcox, D. Craig Willcox, and Makoto Suzuki. *The Okinawa Program: How the World's Longest-Lived People Achieve Everlasting Health—and How You Can Too*. Retrieved via http://www.penguinrandomhouse.com/

books/190921/the-okinawa-program-by-bradley-j-willcox-md-d-craig-willcox-phd-makoto-suzuki-md-foreword-by-andrew-weil-md/.
2. Luigi Fontana, Edward P. Weiss, Dennis T. Villareal, Samuel Klein, and John O. Holloszy. " Long-term Effects of Calorie or Protein Restriction on Serum IGF-1 and IGFBP-3 Concentration in Humans. " Retrieved via https: //www. ncbi. nlm. nih. gov/pmc/articles/PMC2673798/.
3. Edda Cava and Luigi Fontana. " Will Calorie Restriction Work in Humans?" Retrieved via https: //www. ncbi. nlm. nih. gov/pmc/articles/PMC3765579/.
4. W. E. Bronner and G. R. Beecher. " Method for Determining the Content of Catechins in Tea Infusions by High-Performance Liquid Chromatography. " Retrieved via https: //www. ncbi. nlm. nih. gov/pubmed/9618918.

## 第八章 温和地运动，延年益寿

1. " Sitting Is the New Smokingg, " *Start Standing*. Retrieved via http: //www. startstanding. org/sitting-new-smoking/.
2. Brigid Schulte, " Health Experts Have Figured Out How Much Time You Should Sit Each Day, " Washington Post. Retrieved via https: //www. washingtonpost. com/news/wonk/wp/2015/06/02/medical-researchers-have-figured-out-how-much-time-is-okay-to- spend-sitting-each-day/?utm_term=. d9d8df01a807.
3. Kenneth M. Sancier, PhD, " Medical Applications of Qigong, " *Alternative Therapies*, January 1996 (vol. 2, no. 1). Retrieved via http: //www. ichikung. com/pdf/MedicalApplicationsQigong. pdf.
4. Yang Jwing-Ming. *The Essence of Taiji Qigong*. YMAA Publication Center, 1998.
5. Ge Hong (AD284–364). Retrieved via https: //en. wikiped. org/ wiki/Ge_Hong.

## 第九章 韧性与侘寂

1. Epictetus. *Discourses and Selected Writings*. Penguin, 2008.
2. Seneca. *Letters from a Stoic*. Penguin, 2015.
3. " Ise Shrine, " *Encyclopaedia Britannica*. Retrieved via https: //www. britannica. com/topic/Ise-Shrine.
4. Nassim Nicholas Taleb. *Antifragile: Things That Gain from Disorder*. Random House, 2014.

## 延伸阅读建议

本书作者受到以下书籍的深刻启发：

Breznitz, Shlomo, and Collins Hemingway. *Maximum Brainpower: Challenging the Brain for Health and Wisdom*. Ballantine Books, 2012.

Buettner, Dan. *The Blue Zones: Lessons for Living Longer from the People Who've Lived the Longest*. Retrieved via http: //www. bluezones. com/2016/11/power9/#sthash. 4LTc0NED. dpuf.

Csikszentmihalyi, Mihaly. *Flow: The Psychology of Optimal Experience*. Harper Perennial, 1990.

Frankl, Viktor E. *The Doctor and the Soul: From Psychotherapy to Logotherapy*. Vintage, 1986.

———. *Man's Search for Ultimate Meaning*. Basic Books, 2000.

———. *The Will to Meaning: Foundations and Applications of Logotherapy*. Meridian/Plume, 1988.

Friedman, Howard S. , and Leslie R. Martin. *The Longevity Project: Surprising Discoveries for Health and Long Life from the Landmark Eight-Decade Study*. Plume, 2012.

Morita, Shoma. *Morita Therapy and the True Nature of Anxiety-Based Disorders*. State University of New York Press, 1998.

Taleb, Nassim Nicholas. *Incerto series: Fooled by Randomness, The Black Swan, The Bed of Procrustes, Antifragile*. Random House, 2012.

Willcox, Bradley J. , D. Craig Willcox, and Makoto Suzuki. *The Okinawa Diet Plan: Get Leaner, Live Longer, and Never Feel Hungry*. Clarkson Potter, 2001.

## 关于作者

#### [西]埃克托尔·加西亚

出生于西班牙。作为一名前软件工程师,他曾在瑞士的欧洲核子研究中心工作,后来移居日本,负责开发语音识别软件,以及研发帮助硅谷初创公司进入日本市场所需的技术。他受欢迎的的个人博客 kirainet.com 催生了其畅销作品《一个日本极客》(*A Geek in Japan*)。

#### [西]弗兰塞斯克·米拉莱斯

出生于西班牙。讲师、获奖作家,有多部有关自助和励志的作品跻身畅销书榜单。他曾学习新闻学、英语文学和德语语言学,做过编辑、翻译、艺术治疗师以及音乐家。他的小说《小写的爱》(*Love in Lowercase*)已被翻译成28种语言。

## 关于译者

彭威,兰州财经大学外国语学院副教授,MTI硕士生导师。

杨小虎,重庆大学外国语学院副教授。